V&R

Vinita Balasubramanian
Antje Fürth

Leben und arbeiten in Indien

Was Sie über Land und Leute wissen sollten

Mit 14 Abbildungen und 8 Tabellen

Vandenhoeck & Ruprecht

Bildnachweis:
Abbildungen 2, 5, 6, 8, 9, 10, 11, 12: Jörg Böthling,
www.visualindia.de
Abbildungen 4, 7, 13, 14: Nina Papiorek, www.sensorfleck.de

Bibliografische Information der Deutschen Nationalbibliothek

Die Deutsche Nationalbibliothek verzeichnet diese Publikation in der
Deutschen Nationalbibliografie; detaillierte bibliografische Daten
sind im Internet über http://dnb.d-nb.de abrufbar.

ISBN 978-3-525-40354-9

© 2010, Vandenhoeck & Ruprecht GmbH & Co. KG, Göttingen /
Vandenhoeck & Ruprecht LLC, Oakville, CT, U.S.A.
www.v-r.de
Alle Rechte vorbehalten. Das Werk und seine Teile sind urheberrechtlich geschützt.
Jede Verwertung in anderen als den gesetzlich zugelassenen Fällen bedarf der vor-
herigen schriftlichen Einwilligung des Verlages. Hinweis zu § 52a UrhG: Weder das
Werk noch seine Teile dürfen ohne vorherige schriftliche Einwilligung des Verlages
öffentlich zugänglich gemacht werden. Dies gilt auch bei einer entsprechenden Nut-
zung für Lehr- und Unterrichtszwecke. Printed in Germany.
Satz: Satzspiegel, Nörten-Hardenberg
Druck und Bindung: ⊕ Hubert & Co, Göttingen

Gedruckt auf alterungsbeständigem Papier.

◼ Inhalt

Für unsere Mütter Susila Rajagopal und Silke Schmid

◾ Vorwort

Indien aus indischer und aus westeuropäischer Sicht zu analysieren, verstehen zu lernen und dabei gleichzeitig praktische Ratschläge für den Alltag zu geben – das ist der Ansatz dieses Buches. Die aus Indien stammende Autorin Vinita Balasubramanian gibt eine Innensicht auf die Do's und Don'ts auf dem Subkontinent und erlaubt so einen tiefen Einblick in indische Denkweisen und Traditionen. Anhand von vielen Beispielen erläutert sie den für Ausländer oft so schwer nachvollziehbaren Aufbau und die Funktionsweise der indischen Gesellschaft, die Tücken und auch die Chancen, die in der großen Flexibilität der indischen Mentalität liegen.

Die deutsche Autorin Antje Fürth ergänzt dies durch die Außenperspektive und erklärt, wie es für einen Ausländer ist, sich in Indien zu bewegen, und auf welche kulturell bedingten Hindernisse man bei einem Aufenthalt in Indien stoßen kann. Das Buch vereint also Innen- und Außensicht und zeigt ganz neue Seiten des interkulturellen Verständnisses auf. Dabei verbindet es eine zirkuläre, indische mit einer linearen, deutschen Ausdrucksweise. Es beginnt dort, wo eine rein westliche Sicht aufhört, und schafft so die Grundlage für ein harmonisches deutsch-indisches Miteinander in Lebens- und Arbeitsalltag.

Wenn Sie beruflich nach Indien reisen, egal ob für zwei Wochen, zwei Monate oder zwei Jahre, bereitet Sie dieses Buch vor: auf Indien, die dort lebenden Menschen und deren Denken. Es unterstützt Sie unter anderem dabei, sich in der indischen Business-Etikette zurechtzufinden, mit Ihrem indischen Gegenüber erfolgreich zu kommunizieren und vielversprechende Wege der Kooperation miteinander zu gehen.

Vinita Balasubramanian und Antje Fürth

■ Vorwort

Die zunehmende Globalisierung der vergangenen Jahrzehnte hat nicht nur den Warenaustausch, sondern auch den verstärkten internationalen Einsatz von Mitarbeitern zur Folge. So hat beispielsweise die Robert Bosch GmbH, ein international hervorragend aufgestelltes Unternehmen, im Mittel mehrere hundert Mitarbeiter im zeitlich begrenzten Auslandseinsatz. Wenn man Unternehmen nach den wichtigsten Gründen für die Entsendung ihrer oft besten Mitarbeiter für mehrere Jahre ins Ausland fragt, wird in der Regel die erfolgreiche Etablierung eines Produktes in den entsprechenden neuen Märkten genannt. Zu Beginn steht dabei oft die Einführung und erste Vermarktung eines erfolgversprechenden Produktes. Später können die Herstellung und manchmal sogar ein mehr oder weniger großer Entwicklungsumfang hinzukommen.

Man erkennt, wie wichtig es ist, dass diese Mitarbeiter, die ja angefangen von der Gesamtverantwortung bis hin zu den unterschiedlichsten Fach- und Führungsaufgaben die empfindlichsten Funktionen einer Unternehmung abdecken, erfolgreich arbeiten.

Die besten Leistungswerte erreichen Mitarbeiter (oder Mitarbeiterinnen, die hier im Folgenden auch immer mit gemeint sein sollen) mit starken Ausprägungen hinsichtlich Fach- und Führungskompetenz, wobei je nach Aufgabe der Schwerpunkt stärker in die eine oder andere Richtung verschoben sein kann. Erfahrungsgemäß ist fehlende Fachkompetenz daher ein relativ selten anzutreffendes Phänomen unter den sogenannten »Expats«. Es werden in der Regel Mitarbeiter ausgewählt, die in ihren bisherigen Aufgabenfeldern bereits Höchstwerte erreicht haben. Hohe soziale Kompetenz, die Hauptverantwortung sowohl für das Erreichen guter Ergebnisse bei der Mitarbeiterführung als auch der Gestaltung des beruflichen und privaten Umfeldes ist indes schwieriger aufzuspüren.

Ist der richtige Mitarbeiter schließlich ausgewählt – wobei insbesondere bei dieser Schlüsselaufgabe noch große Verbesserungspotenziale in den verantwortlichen Abteilungen nahezu aller Unternehmen vorhanden sind –, beginnt für sie oder ihn die Vorbereitung auf die neue Aufgabe im zukünftigen Gastland.

Eine positive Grundeinstellung zu Land und Leuten ist natürlich Voraussetzung. Aber für einen wirklich erfolgreichen Aufenthalt, sowohl im beruflichen wie auch im privaten Umfeld, ist mehr erforderlich. Möchte man das Land und die Menschen verstehen und zumindest bei manchen Fettnäpfchen das sofortige, auf jeden Fall aber das wiederholte Hineintreten verhindern, muss man sich mit der neuen Kultur auseinandersetzen. Im besonderen Maße gilt dies für Indien.

Von allen meinen Auslandserfahrungen, die ich in 16 Jahren (meist gemeinsam mit meiner Familie) sammeln konnte, war der siebenjährige Aufenthalt in Indien der herausforderndste – aber auch der schönste!

Es gibt heute eine schier unüberschaubare Vielfalt an Informationen und Literatur zu dem Land Indien, die eigentliche Schwierigkeit besteht jedoch in der Auswahl der passenden Informationsquellen. Was ist für einen Expat und seine Familie wichtig, damit der Aufenthalt in diesem wunderbaren Land rundum erfolgreich verläuft? Diese Frage haben Vinita Balasubramanian und Antje Fürth mit diesem Buch beantwortet.

Nach den wesentlichen Basisinformationen zu Beginn des Buches stellt das dritte Kapitel mit dem »Indienbild aus deutscher Perspektive« und dem »Deutschlandbild aus indischer Perspektive« wichtige gegenseitige Sichtweisen vor. Natürlich hat nicht jeder Deutsche genau die Eigenschaften, die Inder Deutschen gemeinhin unterstellen, und genauso ist es umgekehrt. Aber viele Dinge stimmen eben doch mehr oder weniger genau mit den dargestellten Beschreibungen überein. Wichtig für die deutsche Seite ist auch, dass in den darauf folgenden Kapiteln der kulturelle Hintergrund vieler indischer Eigenheiten erklärt wird.

Kapitel 7 bietet dem Leser einen hervorragenden Leitfaden für die Führungsarbeit in Indien. Wenn man diesen aufmerksam liest und die

Erkenntnisse in seiner täglichen Arbeit berücksichtigt, wird vieles von Beginn an sehr viel besser gelingen.

Nach weiteren wichtigen Informationen für das Verständnis und das Teilnehmen am indischen Alltag in den Kapiteln 8 und 9 ist das Kapitel 10 vor allem für mitreisende Partner interessant. Die Informationen über Hausangestellte und die Beziehung, die man zu ihnen (aus indischer Sicht) aufbauen sollte, sind sehr hilfreich. Die Gefahr, auf diesem Gebiet Fehler zu machen, ist sehr groß.

Mit der Erkenntnis, dass mir selbst bei frühzeitiger Lektüre dieses Buches viele Fehler und Fettnäpfchen erspart geblieben wären, kann man ihm nur viele Leser wünschen! Hinzuzufügen bleibt, dass ich einige Fehler von damals erst heute, bei der Lektüre dieses Buches, erkannt habe. Dies wiederum zeigt, dass Inder mit uns sehr nachsichtig umgehen. Selbst gute Freunde haben auf Korrektur verzichtet – oder man hatte den Wink mit dem Zaunpfahl eben doch nicht verstanden.

Man kann jeden, der von seinem Unternehmen die Möglichkeit für einen Auslandsaufenthalt angeboten bekommt, nur beglückwünschen, denn wenn er (oder sie) nach Indien eingeladen wird, könnte es noch mehr sein: Nirwana.

Reinhard Flörl
Ehemaliger Leiter des Bosch-Werks in Nasik, Indien

▓ Kapitel 1: Vielfältiges Indien: Eine Einführung

Die Geschichte Indiens ist so komplex wie das Land selbst. Eine alte Anekdote der Jains, einer religiösen Gruppe Indiens, wird oft als Sinnbild für die Vielfalt Indiens erzählt. Fünf Blinde wollten herausfinden, wie ein Elefant beschaffen ist. Jeder ertastete mit seinen Händen das Körperteil, das ihm am nächsten war. Der Erste fühlte den Rüssel und sagte: »Ein Elefant ist wie eine Schlange.« Der Zweite streichelte den Körper und behauptete, er sei wie eine Mauer. Der Dritte und Vierte, die jeweils den Schwanz und den Stoßzahn fühlten, sagten, er sei wie ein Seil und eine Stange. Der Letzte fasste das Ohr an und meinte, der Elefant sei wie ein großes Blatt. Die Wirklichkeit aber ist: Ein Elefant ist alles zusammen. Ebenso muss man Indien als Summe seiner unterschiedlichen Teile sehen, um es zu verstehen.

▓ Many Indias: Pluralismus in Politik und Gesellschaft

> »Indien ist lediglich ein geographischer Ausdruck. [. . .]
> Es ist genauso wenig ein Land wie der Äquator.«
> Winston Churchill

Trotz der kolonialen Arroganz der Äußerung des früheren britischen Premierministers enthält diese Bemerkung von vor etwa hundert Jahren auch einen wahren Kern. Noch heute spricht man von den »many Indias«.

Indien lässt sich am besten mit Europa vergleichen, da jeder der indischen Bundesstaaten eine eigene Sprache und viele Dialekte hat. Die indische Verfassung erkennt 24 Sprachen an, 15 davon werden als »offizielle Sprachen« bezeichnet. In Wirklichkeit existieren mehr als 120 Sprachen und Hunderte von unterschiedlichen Dialekten (vgl. wie auch im Folgenden Tabelle 1).

Tabelle 1: Indien – ein statistischer Überblick (Quelle: CIA Factbook, Auswärtiges Amt)

Bevölkerung	1.156.897.766 (Juli 2009)
Durchschnittsalter	25,3 Jahre
Geburtenrate	2,68 Geburten pro Frau
Lebenserwartung	66,09 Jahre (Männer: 61,1 Jahre, Frauen: 67,1 Jahre, 2009)
Stadtbevölkerung	29 %
Fläche	ca. 3,3 Millionen km²
geographische Lage	20 00 N, 77 00 O
Hauptsprachen	15–24 (über 1 Million Sprecher), 544 Dialekte
Hauptreligionen	Hinduismus, Islam, Christentum, Sikhismus, Jainismus
Staatsform	Föderalistische Republik
föderative Struktur	28 Bundesstaaten, 7 zentral verwaltete Unionsterritorien
Regierungsform	Parlamentarische Demokratie
reales Wachstum in v. H. zu Marktpreisen	15,5 % (2008/2009), 13,64 % (2007/2008)
Beschäftigung	Landwirtschaft: 52 %, Industrie: 14 %, Dienstleistungen: 34 % (2003)
Pro-Kopf-Einkommen (jährlich)	$ 815
BIP-Wachstumsrate	6,1 % (2009), 7,4 % (2008), 9,0 % (2007)
Hauptexportländer	USA, Vereinigte Arabische Emirate, China
Hauptimportländer	China, Saudi-Arabien, USA, Vereinigte Arabische Emirate, Singapur, Deutschland

Anmerkung: Statistiken über Indien gehen oft auseinander, auch bezüglich Fläche und wirtschaftlichen Daten. Auch die Anzahl der Bundesländer ist im Begriff zu steigen.

Abbildung 1: Indien (Quelle: Mehl-Lammens, 2006)

Es gibt aktuell insgesamt 28 Bundesstaaten und sieben zentral regierte Unionsterritorien. Die britische Einteilung der Bundesstaaten wurde in den Jahren nach der Unabhängigkeit nach Sprache und Ethnie neu gegliedert (siehe Abbildung 1). Dieser Prozess dauert noch an: 2000

entstanden die drei neuen Staaten Chattisgarh, Jharkand und Utta-
rakhand. Der Pluralismus wird in Indien nicht als problematisch angesehen. Im Gegenteil: Es wird über eine weitere Aufteilung flächen-
mäßig großer Staaten, beispielsweise Uttar Pradesh und Andhra
Pradesh, diskutiert.

Die Staaten unterscheiden sich geographisch, ethnisch und wirtschaftlich voneinander. Jeder Bundesstaat hat seine eigenen Traditionen und Feste. So ist etwa eine Hochzeit im Bundesstaat Punjab in
Nordindien für Menschen aus Tamil Nadu in Südindien eine völlig
neue kulturelle Erfahrung. Die Staaten im Nordosten Indiens wie Assam oder Meghalaya sind geographisch und ethnisch so weit entfernt,
dass Reisende aus anderen indischen Staaten gefragt werden, ob sie
aus Indien – quasi aus dem Ausland – kämen. Innerhalb eines Staates
existieren viele verschiedene Religionen nebeneinander, deren Grund-
sätze in unterschiedlichen Gesetzen verankert sind, beispielsweise im
Erbrecht. Entsprechend unterschiedlich sind daher auch die Feiertage
(vgl. S. 49 ff.). In der Regel ist es den Firmen überlassen, ihren Mitarbeitern die religiösen Feiertage für das Jahr bekanntzugeben.

Zu dieser Vielfalt gibt es eine weitere Unterteilung in Kleingruppie-
rungen in jedem Bundesstaat. Diese beruhen auf Zugehörigkeit zu einer Kaste (→ siehe Kapitel 2) oder noch kleineren Untergruppierun-
gen innerhalb einer Kaste oder Volksgemeinschaft. Einige dieser
Minderheiten werden laut Verfassung geschützt, die Liste ist lang und
breitgefächert. Zusätzlich zu den großen »Mainstream-Minderheiten«
wie die Muslime (12 %) werden darin auch »tribals« (unterschiedliche
Stämme) wie die Todas oder Bhils aufgeführt. Angesichts dieser Vielfalt von offiziellen und nichtoffiziellen Minderheiten und bei Berück-
sichtigung weiterer Unterteilungen nach Geschlecht und sozialer
Schicht behauptet der bekannte indische Publizist und Politiker Shashi Tharoor überspitzt, jeder einzelne Inder für sich stelle eine Minderheit dar.

◼ Die Geschichte Indiens

◼ Frühgeschichte

In Teilen von Indien finden sich Überreste einer der ältesten Hochkulturen der Menschheit. Im vierten und dritten Jahrtausend vor Christus entwickelten sich nicht nur in den Flusstälern von Euphrat, Tigris und Nil, sondern auch am Indus städtische Zivilisationen. Die 1921/1922 im heutigen Pakistan entdeckten urbanen Zentren der frühen Indus-Kultur – Harappa und Mohenjo Daro – sind die wichtigsten Zeugnisse dieser Zeit. Im Laufe der bis heute andauernden Ausgrabungen erschlossen sich zwei riesige Städte, die trotz einer Entfernung von mehreren hundert Kilometern eine einheitliche Kultur aufwiesen. Im Gegensatz zu vielen Ballungsräumen im heutigen Indien kannte man damals bereits eine ausgeklügelte Stadtplanung mit öffentlichen und privaten Bädern und einer städtischen Müllentsorgung (siehe wie auch im Folgenden Tabelle 2).

◼ Die ersten indischen Großreiche

Um 2000 vor Christus kamen dann die Stämme der Indo-Arier aus Zentralasien nach Nordindien. Sie waren Nomaden, ihre Schrift- und Kultursprache war Sanskrit, in der auch die heiligen Schriften (die Veden) verfasst wurden. Die Indo-Arier haben die Dasyas, die Bewohner Nordindiens, zu ihren Untertanen gemacht. So wurden aus dem ursprünglichen Nomadenvolk im Laufe der Zeit Bauern (ungefähr um 1000 v. Chr.). Bereits in dieser Zeit begann sich das Kastensystem zu verfestigen.

Zwischen 320 und 185 vor Christus hatte das erste indische Großreich der *Maurya-Dynastie* sein Zentrum ebenfalls in Nordindien, im östlichen Gangestal, genauer in Pataliputra, dem heutigen Patna im Bundesstaat Bihar. Bis heute bekannt ist aus dieser Dynastie der König Ashoka (268–232 v. Chr.), der im ganzen Land an Säulen, Felsen und Wänden Inschriften anfertigen ließ. Darin ließ er die Grundzüge seiner Politik niederschreiben, die sich an der Lehre Buddhas orientierten. Die

Tabelle 2: Kurze Geschichte Indiens

4000–1700 v. Chr.	Industalkultur mit den Städten Mohenjo Daro und Harappa. Fortgeschrittene Kultur mit Kunst und Architektur, Bewässerungsanlagen und Kanalisation. Verfall und Einwanderung der nomadischen Arier aus Zentralasien.
1500–500 v. Chr.	Zeit der Veden, der heiligen Schriften Rig Veda, Sama Veda, Yajur Veda, Atharva Veda. Sie wurden zunächst mündlich überliefert und in dieser Zeit in der Sprache Sanskrit festgehalten.
5. Jh. v. Chr.	Panini verfasste sein Werk über die Regeln der Sanskrit-Grammatik und damit die älteste Grammatik überhaupt.
327 v. Chr.	Indienfeldzug Alexanders des Großen.
325–232 v. Chr.	Maurya-Reich, gegründet von Chandragupta Maurya, der die letzten Griechen vertrieb. Unter seinem Enkel Ashoka (268–232 v. Chr.) erreichte das Maurya-Reich seinen Höhepunkt.
2. Jh. v. Chr.	Indische Mathematiker verwendeten die Zahl 0 und negative Zahlen. Handelsbeziehungen mit dem Nahen Osten und dem Römischen Reich.
79 n. Chr.	Plinius der Ältere (römischer Historiker) beschrieb in seiner »Naturalis historia« Gewürze, Stoffe und Perlen aus Indien.
712 n. Chr.	Der Islam erreicht Indien.
1000–1450 n. Chr.	Angriffe der Mongolen (Völker aus Zentralasien). Eroberung und Plünderung Delhis durch Timur (Tamerlan) 1398.
1497	Ankunft der Portugiesen in Indien (Vasco da Gama).
1526–1858	Zeitalter der Mogulreiche. Es begann 1526 mit der endgültigen Eroberung Delhis durch Babur, einem direkten Nachfahren Timurs. Die Mogulkönige waren Babur, Humayun, Akbar, Jahangir, Shah Jahan, Aurangzeb. Das bekannteste Mogulbauwerk Taj Mahal wurde von Shah Jahan (regierte 1627–1658) errichtet.

1600	Gründung der britischen Ostindiengesellschaft.
1720	Gründung der französischen Ostindiengesellschaft.
18./19. Jh.	1757: Beginn der britischen Herrschaft über Indien. Durch die Industrialisierung im 19. Jahrhundert wurde England auf Kosten Indiens immer reicher.
1857	Indischer Aufstand (»Indian Mutiny«) wegen Verletzung religiöser Bräuche der im Dienst der Ostindiengesellschaft stehenden indischen Soldaten.
1877	Königin Victoria nahm den Titel »Kaiserin von Indien« an. Einführung der englischen Sprache, Bau von Straßen und Eisenbahnen.
ab 1880	Anfang der Unabhängigkeitsbewegung in Indien. 1885 wurde der Indian National Congress gegründet.
1935	Wegen des wachsenden Widerstands gegen die Kolonialmacht wurde der »Government of India Act« verabschiedet, Verfassungsreformen wurden vorgenommen. Indische Politiker wurden an Provinzregierungen beteiligt.
1947	Unabhängigkeit Indiens unter Mahatma Gandhi. Teilung Indiens in Indien und Pakistan. Jawaharlal Nehru erster Premierminister Indiens, Jinnah erster Premierminister Pakistans (Ost und West).
1961	Rückzug Portugals aus Goa, dem letzten Kolonialgebiet Indiens.

löwenköpfige Säule Ashokas ist heute noch das offizielle Emblem Indiens und wird auf Münzen und Geldscheinen abgebildet.

Das zweite indische Großreich der *Gupta-Dynastie* zwischen 320 und 500 nach Christus erstreckte sich über ganz Nordindien vom heutigen Afghanistan im Westen bis nach Bengalen im Osten und nach Narbada im Süden. Die beiden indischen Großreiche haben Literatur, Kunst, Philosophie, Theologie und Recht entscheidend geprägt.

Die Geschichte Südindiens verläuft größtenteils parallel, weil keine Dynastie über ganz Indien bis zur Südspitze herrschte. Das *Chola-Imperium* (9. bis 13. Jahrhundert) ist die bedeutendste und einflussreichste der südindischen Dynastien. Während der Blütezeit im 11. Jahrhundert erstreckte sich das Chola-Reich über Ostindien, Sri Lanka und im Osten bis Indonesien. Die Spuren dieser alten Hindukultur sind dort heute noch sichtbar, besonders auf der Insel Bali.

▐ Delhi und die Muslimherrscher

Die heutige Stadt Delhi ist geschichtlich gesehen die siebte an diesem Ort. Nach der Legende im indischen Volksepos Mahabharata gründeten die Pandawas 1200 vor Christus die Stadt unter dem Namen Indraprastha. Neuere archäologische Forschungen bestätigen dies. Die Pandawas bauten die Stadt später aus und erklärten sie zur Hauptstadt ihres Reiches. Indraprastha existierte bis ins vierte Jahrhundert nach Christus.

Die Ursprünge des älteren Teils von Delhi werden auf die Gründung der Festung Lal Kot im Jahre 736 nach Christus durch die Rajputen zurückgeführt. 1192 fiel der Rajputen-Fürst Prithviraj Chauhan III. (1162–1192) als letzter Hindukönig in einer Schlacht gegen die Moslems. Aus dieser Zeit stammt Siegesturm Qutb Minar im Süden Delhis (1199 errichtet). Die islamische Herrschaft dauerte bis zur britischen Kolonialzeit. Durch die Muslim-Herrscher wurde Delhi zu einer Stadt der Paläste und Moscheen. Die berühmtesten Großmoguln waren Akbar (1542–1605) und Shah Jahan (1592–1666), der für seine Frau das berühmte Grabmal Taj Mahal in Agra südlich von Delhi errichten ließ.

▐ Die Briten

Die Briten waren ursprünglich als Händler nach Indien gekommen, die Britische Ostindien-Kompanie gründete im 18. Jahrhundert eine Handelsniederlassung in der Stadt Delhi. In den nachfolgenden Kriegen ge-

gen die von Süden angreifenden Hindus schlugen sich die Briten stets
auf die Seite der Mogulen, die die mehrfachen Belagerungen heil über-
standen. Am 30. Dezember 1803 übernahmen britische Streitkräfte die
militärische Kontrolle über die Stadt.

1857 versuchten aufständische hinduistische und muslimische Soldaten die britische Herrschaft über Indien zu stürzen. Dieses historische
Ereignis nennen englische Geschichtsbücher eine »Meuterei«, während
die Inder es als den »ersten Unabhängigkeitskrieg« bezeichnen. Nach
der Niederschlagung des Aufstands wurde die Ostindien-Kompanie
aufgelöst. Die britische Regierung übernahm 1858 die Macht und Indien wurde zur Kronkolonie. 1877 wurde Königin Victoria von Großbritannien Kaiserin von Indien.

Die Engländer übersiedelten 1911 von ihrem Hauptsitz Kalkutta
nach Neu-Delhi, wo sie eine neue Hauptstadt hatten bauen lassen. Da
sie inzwischen den ganzen Subkontinent unter ihre Kolonialherrschaft
gebracht hatten, lag Kalkutta im Osten des Landes zu weit an der Peripherie. Bis heute ist die von den britischen Architekten Edwin Lutyens
und Herbert Baker auf dem Reißbrett entworfene Stadt der Sitz der indischen Regierung.

■ Die Unabhängigkeit

Die indische Unabhängigkeitserklärung am 15. August 1947 war der
Endpunkt eines mehr als 50 Jahre dauernden Strebens der indischen
Nationalisten nach Selbstbestimmung. Ein Schritt auf dem Weg in die
Unabhängigkeit war die Verfassungsreform von 1919. Die indischen
Nationalisten hatten jedoch mehr davon erwartet, als die Engländer sei-
nerzeit zu geben bereit waren. Mahatma Gandhi war damals gerade aus
Südafrika zurückgekehrt, nachdem er bereits mit der dortigen Kolonial-
regierung auf Konfrontation gegangen war. Seine Erfahrungen aus dem
gewaltfreien Widerstand in Südafrika entwickelte er in Indien fort. Anfang der 1920er Jahre mobilisierte er erstmals die Massen gegen die Reformen der Engländer. Legendär ist sein »Salzmarsch« 1930, mit dem
Gandhi symbolisch das Salzmonopol der Briten brechen wollte. Folge
und Ergebnis des Marsches waren zwei Konferenzen in London und

nach langen Verhandlungen mit den Minderheiten und den untersten Kasten Indiens die Verabschiedung eines »Act of India« im Jahr 1935, dem bald Wahlen folgten. Die Reformen ermöglichten eine größere politische Integration der indischen Bevölkerung. Als Indien 1939 ohne das Einverständnis der gewählten Regierungen in den Zweiten Weltkrieg hineingezogen wurde, legten die Nationalisten ihre Mandate nieder. Die geschwächte Position der Kolonialmacht am Ende des Krieges 1945 ließ die Befreiungsbewegung stärker werden und führte schließlich zur Unabhängigkeit Indiens 1947.

Es entstanden die Staaten Indien für die eher dem Hinduismus zugewandten Inder und Pakistan für die indischen Moslems. Die Teilung Indiens (»Partition« genannt) mit dem damit verbundenem Bevölkerungsaustausch führte zu blutigen Auseinandersetzungen. Die Wunden dieser Teilung sind noch heute spürbar. Offiziell versteht sich Indien nicht als Hindu-Staat, sondern betont aus Rücksicht auf die zahlreichen Minderheiten seinen säkularen Charakter, der in der Verfassung verankert ist. Pakistan dagegen wurde als islamische Republik gegründet. Seit der Teilung des Subkontinents gab es zahlreiche Konflikte zwischen den beiden Staaten. Dazu zählt beispielsweise der seit Jahren ungelöste Streit um die Grenzregion Kaschmir. Zu Pakistan gehörten zunächst die Gebiete Westpakistan und Ostpakistan. Nach einem Unabhängigkeitskampf entstand 1971 nach indischem Eingreifen aus Ostpakistan das heutige Bangladesch.

■ Die Verfassung

In der indischen Verfassung von 1950 ist der Föderalismus mit einer parlamentarischen Demokratie festgeschrieben. Die meisten demokratischen Bestimmungen gehen auf das so genannte Westminster-Modell nach dem Vorbild der Engländer zurück: Es existiert eine Legislative mit zwei Kammern, alle fünf Jahre wird gewählt, der Premier hat das Recht, das Parlament vorzeitig aufzulösen, und es existieren garantierte Grundrechte. Außerdem hat Großbritannien Indien ein säkulares Zivilrecht beschert, das auf dem englischen »Common Law« basiert. Danach sind alle Bürgerinnen und Bürger gleichgestellt. Für die strikt hierarchisch organisierte indische Gesellschaft glich dies einer Revolution. Es ist das Verdienst von Jawaharlal Nehru, unermüdlicher Kämpfer für die Unabhängigkeit und erster Premierminister Indiens, dass dieses Zivilrecht nach 1947 die traditionellen Regelungen abgelöst hat.

■ Die Jahre nach der Unabhängigkeit

Nach der Unabhängigkeit wurde die Kongresspartei stärkste Macht und bildete mit Nehru die erste Regierung. Die Geschichte Indiens und die der Kongresspartei nach 1947 sind eng mit den Namen Nehru und seiner Tochter Indira Gandhi (nicht mit Mahatma Gandhi verwandt) verbunden. Die Nominierung von Indiras Sohn Rajiv Gandhi und seine Bestätigung als Premierminister durch die Wahlen nach der Ermordung seiner Mutter hatte eine neue dynastische Tradition in Indien aufkommen lassen. Damit waren bereits vier Generationen der Familie in der Führungsspitze Indiens vertreten, wenn man den Vater Nehrus hinzuzählt. Interessant ist dies vor allem im Hinblick auf die indische Geschichte. Indien ist über Jahrhunderte von Königen und Fürsten regiert worden, deren Nachfolger über das Prinzip eines erblichen Königtums bestimmt wurden. Eine Dynastie folgte auf die andere – und das ist auch nach der Unabhängigkeit bis in die 1990er Jahre so geblieben, und zwar mit der Kongresspartei meist unter Führung der Nehru-Gandhi-Familie.

Jawaharlal Nehru hatte 1916 auf Wunsch seiner Eltern die damals 16 Jahre alte Kamala Kaul geheiratet. 1917 wurde seine Tochter Indira geboren. Sie reiste mit ihrem Vater durch die ganze Welt und wurde 1959 Präsidentin der Kongresspartei. Nach dem Tod ihres Vaters 1964 wurde sie Ministerin für Information und Rundfunk. 1965 wurde sie zur Parteichefin und Premierministerin Indiens gewählt. Mehrere Male kehrte sie als Premierministerin in ihr Amt zurück. 1980 ernannte sie ihren Sohn Sanjay zu ihrem Sprecher. Nur kurze Zeit später kam Sanjay bei einem Flugzeugabsturz ums Leben, bei dem er selbst der Pilot war. Am 31. Oktober wurde Indira Gandhi von zweien ihrer Leibwächter ermordet. Die beiden waren Sikhs, die sich für die Erstürmung ihres Heiligtums, des Goldenen Tempels von Amritsar, durch die indische Armee rächen wollten. Der Goldene Tempel war angegriffen worden, um den separatistischen Bestrebungen der Sikhs Einhalt zu gebieten.

Noch am selben Abend wurde der andere Sohn Indira Gandhis, Rajiv, zum Premierminister ernannt. In seine Amtszeit fielen die ersten Friedensgespräche mit Pakistan und ein Aussöhnungsversuch mit den Rebellen auf Sri Lanka. Rajiv Gandhi fiel durch seinen im Vergleich zu seiner Mutter liberalen Stil auf. Auch im Ausland war er ein sehr beliebter Politiker.

Am 21. Mai 1991 wurde Rajiv Gandhi von einer Selbstmordattentäterin in der Nähe von Chennai ermordet. Rajiv Gandhi war mit der aus Italien stammenden Sonia Gandhi verheiratet, die sich daraufhin selbst in der Politik engagierte. Nach der indischen Parlamentswahl 2004, bei der die Kongresspartei unerwartet siegte, war sie zunächst auch als Ministerpräsidentin gehandelt worden. Doch sie verzichtete schließlich überraschend auf das Amt. Im März 2006 legte sie ihr Parlamentsmandat nieder, nachdem sie bereits längere Zeit wegen einer für Parlamentsmitglieder unzulässigen bezahlten öffentlichen Nebentätigkeit als Vorsitzende des Nationalen Beraterrates in der Kritik gestanden hatte. Auch die Kinder von Sonja und Rajiv Gandhi sind politisch aktiv. Ihr Sohn Rahul Gandhi wurde 2004 ins Parlament gewählt und die Tochter Priyanka Gandhi war die Wahlkampfmanagerin ihrer Mutter.

Die Kongresspartei stand nach dem Tod von Rajiv Ghandi vor der Schwierigkeit, einen Nachfolger zu finden. Nach kurzem Zögern wurde Narasimha Rao zum Parteipräsidenten und wenig später zum Premierminister ernannt. Finanzminister wurde Manmohan Singh, dem man als Wirtschaftsliberalem zutraute, die schwere fiskalische und Zahlungsbilanzkrise des Landes zu beheben. Eine erhebliche Erschütterung erfuhren Raos Stellung und die der Kongresspartei allerdings, als fanatisierte Hindus im Dezember 1992 die Moschee in Ayodhya erstürmten und zerstörten. Dennoch begann in seiner Amtszeit die wirtschaftliche Liberalisierung, die zum heutigen Wachstum führen sollte.

Bei den Parlamentswahlen 1996 erlitt die Kongresspartei eine schwere Niederlage. Ausschlaggebend dafür war ein Bestechungsskandal. Die nationalistische BJP wurde mit der Regierungsbildung beauftragt, konnte aber als Außenseiterpartei selbst unter ihrem liberalen Präsidenten und kurzfristigen Premier Atal Bihari Vajpayee keine Koalitionspartner gewinnen. In den Jahren darauf folgten wechselnde Koalitionen. Bei der Parlamentswahl 2004 siegte schließlich die Kongresspartei unter Sonia Gandhi. Sie lehnte den Posten des Staatsoberhauptes allerdings ab, an ihrer Stelle wurde Manmohan Singh Premierminister. Die Regierung versprach, die Interessen der verschiedenen Splittergruppen stärker als bisher zu berücksichtigen. Bei den Wahlen 2009 siegte ein Parteienbündnis unter der Führung der Kongresspartei. Dadurch wurde eine weitere Amtsperiode für Premierminister Manmohan Singh ermöglicht.

■ Gandhis Ideale

Der Einfluss Mahatma Gandhis auf Indien ist bis heute enorm. Mit seinem Charisma verstand er es, ganz Indien in seinen Bann zu ziehen. Dennoch war sein Denken nie unumstritten. Er ist heute weltweit bekannt als Apostel des gewaltlosen Widerstandes, aber er war auch gegen die Industrialisierung und gegen die materialistischen Werte einer urbanen Gesellschaft. In den ersten Dekaden nach der Unabhängigkeit wurden diese Moralvorstellungen mit in die Wirtschaftspolitik einbezogen – zum Nachteil für die wirtschaftliche Entwicklung des Subkontinentes, besonders für die Textilindustrie.

Heute ist vieles, wofür er stand, überholt, auch seine sinnvollen Ermahnungen bezüglich der Umweltverschmutzung. Indienexperte Edward Luce schreibt dazu: »Wenn Gandhi nicht eingeäschert worden wäre, würde er sich im Grabe umdrehen.« Er bleibt trotzdem in Indien allgegenwärtig und gilt als »Vater der Nation«. Sein Geburtstag am 2. Oktober ist ein nationaler Feiertag.

■ Indien heute: Das Land der Kontraste

> »Egal, was man über Indien behauptet,
> das Gegenteil ist genauso wahr.«
> Joan Robinson, Ökonomin

Indien besticht durch seine Gegensätze. Moderne Bürogebäude grenzen an Slumhütten, Bettler stehen vor den Luxushotels, traditionelle Hindupriester mit kahlgeschorenen Köpfen telefonieren mit dem Handy, Mädchen tragen Jeans, aber auch Sari oder Burkha. Auf den neuen autobahnähnlichen »Expressways« sieht man Autos der Marken Ford und Mercedes Benz an Werbeplakaten für iPods und exotische Urlaubsziele vorbeifahren, aber auch Fahrräder, heruntergekommene Mopeds und gelegentlich Kühe oder Ziegen. In der Stadt wohnen ausländische Geschäftsleute in klimatisierten Hotels. Außerhalb der Städte sieht man Bauern, die ihre Felder mit Ochsengespannen pflügen, und Reis, der auf der Landstraße zum Dreschen ausgebreitet wird. In Kapitel 2 wird näher erläutert, wie diese Gegensätze nicht nur das Straßenbild, sondern auch die indische Psyche charakterisieren.

Die einzelnen Bundesstaaten weisen unterschiedliche Entwicklungsstufen auf. Grob gesagt sind Delhi, die Staaten nördlich der Hauptstadt Delhi, die Staaten des mittleren Westens und die Südstaaten wirtschaftlich besser gestellt als der übrige Teil Indiens. Das Bruttoinlandsprodukt von Kerala oder Tamil Nadu im Süden ist drei Mal so hoch wie das von Bihar, Uttar Pradesh oder Rajasthan. Mit den Anfangsbuchstaben dieser drei Staaten plus Madhya Pradesh nennt man sie humorvoll-kritisch »bimaru«-Staaten, nach dem Hindi-Wort für »krank«. Das Bundesland Kerala weist die höchste Alphabetisierungsrate Indiens (über 90 %) und die höchste Lebenserwartung (74 Jahre) auf. Punjab ist in der Landwirtschaft und Infrastruktur führend. Das Schlusslicht bildet Orissa, wo fast 40 Prozent der Bevölkerung unter der Armutsgrenze leben.

Die Wirtschaft wächst seit 1991 im Schnitt um sechs bis acht Prozent. In den vergangenen 15 Jahren hat sich das Einkommen der Familien verdoppelt. In der Hafenstadt Mumbai gibt es mehr als 70.000 Dollar-Millionäre. Gleichzeitig lebt ein Viertel aller Slumbewohner von weniger als einem Dollar am Tag.

Auch die innere Einstellung der Inder zum Reichtum ist sehr ambivalent. Geschäftsleute mit einem hohen Einkommen, die Reichtum gern zur Schau stellen, bewundern gleichzeitig die Askese und das einfache Leben. Sie sind oft Vegetarier und trinken keinen Alkohol. Es wird erzählt, dass der legendäre Narayana Murthy, Gründer von Infosys und Milliardär, beispielsweise grundsätzlich nur in der Economy Class fliegt.

Eine Million junge Menschen schließen jährlich in Indien ihr Ingenieurstudium ab. Wegen der ausgezeichneten Elitehochschulen steht Indien, was die Kapazitäten im wissenschaftlichen und technischen Bereich betrifft, weltweit an dritter Stelle. Indiens Nuklearprogramm wurde ohne ausländische Hilfe aufgebaut. Andererseits liegt die durchschnittliche Alphabetisierungsrate bei etwa 65 Prozent, bei Frauen unter 50 Prozent. Diese Zahl wird noch niedriger, wenn man bedenkt, dass viele von ihnen »functional illiterates« sind – was bedeutet, dass sie nicht viel mehr als ihren Namen schreiben können.

Indien ist die größte Demokratie der Welt. Einerseits gibt dies politische Stabilität, andererseits sind die vom Volk gewählten Vertreter diejenigen, die im Land am wenigsten Vertrauen genießen. Politiker sind oft korrupt und die Bürokratie ist erdrückend. Befragt nach den größten Hindernissen für Indiens Zukunft, nennen Inder die politische und bürokratische Korruption an erster Stelle. Man scherzt, dass »die Wirtschaft nur nachts wächst, wenn die Bürokraten schlafen«.

Das Stadt-Land-Gefälle ist groß. Man unterscheidet deswegen zwischen »Bharat« (dem einheimischen Begriff für Indien) und »India«. »Bharat« steht stellvertretend für die nichttechnisierte, traditionell geprägte Landbevölkerung, »India« für das moderne, urbane Indien. 1947 zur Zeit der Unabhängigkeit lebten neun von zehn Indern in den Dörfern auf dem Land. Inzwischen gilt ein Viertel des Landes als »urban zone«. Damit zählen rund 250 Millionen Menschen als Stadtbewohner. Trotz dieser Urbanisierung lebt heute noch die große Masse der Inder auf dem Land. Diese etwa 750 Millionen Inder haben am heutigen Wachstum Indiens jedoch kaum Anteil. Während viele Dörfer zum Teil

Tipp: Wenn man ein Taxi bestellt, ist es ratsam, nach einem »local driver« zu fragen. Sonst hat man unter Umständen einen Taxifahrer, der sich in der Stadt noch weniger auskennt als der Ausländer selbst.

noch ohne Stromversorgung oder medizinische Versorgung auskommen müssen, hält der Fortschritt fast nur in den Städten Einzug. Viele Dorfbewohner leben vom Verdienst von Familienangehörigen, die in der nächstgelegen Stadt Arbeit gefunden haben.

Auch Indern ist dieser Gegensatz bewusst. Ein Bewohner Mumbais, der sich in einem Dorf aufhalten muss, reagiert ähnlich wie ein Europäer. Es erklärt auch, warum die Ärztedichte in Städten so hoch ist, während die Dörfer medizinisch vernachlässigt werden: Kein Inder aus der Stadt zieht freiwillig aufs Land.

Besucher aus der westlichen Welt sind oft entsetzt über die alltägliche Grausamkeit Indiens. Streunende Hunde werden geschlagen und Bettler scheinbar herzlos vertrieben. In den Medien liest man immer wieder Berichte über die Tötung von weiblichen Neugeborenen. Hindu-Muslim-Auseinandersetzungen wie 2002 in Gujarat flammen immer wieder auf und Hunderte werden dabei getötet. Gandhi selbst wurde Opfer eines Attentats, Indira Gandhi und Rajiv Gandhi (der Sohn Indiras) ebenso. Dennoch bezeichnen sich Inder als ein friedfertiges und tolerantes Volk. Das Konzept der Gewaltlosigkeit (»ahimsa«) existierte zwar seit Jahrhunderten, wurde aber erst nach Gandhi in das nationale Bewusstsein aufgenommen. Die Geschichte zeigt, dass Indien keine Kriege auf fremdem Gebiet geführt hat. Invasoren von außerhalb, wie die Türken, Perser oder Mongolen, stießen auf wenig Gegenwehr. Vielmehr haben sich diese Wellen von Invasoren in Indien niedergelassen und wurden allmählich assimiliert.

Kein Unabhängigkeitskrieg, sondern der passive Widerstand hat dazu geführt, dass die Briten Indien verließen. Nach der Unabhängigkeit 1947 wurden die ehemaligen Kolonialherren nicht unsanft aus dem Land gejagt. Im Gegenteil: Nehru behielt die obersten Bürokraten, von denen etwa die Hälfte Briten waren. Auf Nehrus Bitte blieb sogar der letzte britische Vizekönig Indiens, Louis Mountbatten, ein Jahr länger. (Man munkelt, dass Nehrus innige Freundschaft mit Mountbattens Frau Edwina auch ein Beweggrund war.) Indien hat schon immer Juden, Armeniern oder Parsen Schutz gewährt, wenn sie im eigenen Lande verfolgt wurden. Auch heute lebt eine Vielzahl von ethnischen Gruppen und Religionsgemeinschaften überwiegend friedlich miteinander.

Wie lebt man in einem Land mit so vielen Gegensätzen? Wie kann man als Inder »wir« sagen, und wer ist damit gemeint? Die Antwort liegt im sozialen Schubladendenken. Das soziale Umfeld des Inders besteht aus »Ingroups« und »Outgroups«, also Menschen, mit denen man über ein Netzwerk verbunden ist, und anderen, die außerhalb der Verbindungen liegen. Wenn Inder »wir« sagen, meinen sie in aller Regel ihre eigene Ingroup, beispielsweise Stadtbewohner einer bestimmten Volksgruppe aus der Mittel- und Oberschicht. Kontakte mit Leuten außerhalb des Netzwerkes bleiben an der Peripherie des indischen Bewusstseins. Das wird beispielsweise aus dem Verhalten ersichtlich, das Inder mit Kellnern oder fliegenden Händlern pflegen: Sie werden kaum wahrgenommen, der Blick ist gleichgültig »nach innen« gewandt. Der Deutsche mag darüber beunruhigt sein, aber es ist ein Schutzpanzer, der aus der Notwendigkeit entspringt, in einer Gesellschaft voller Extreme zurechtzukommen. Mit den scheinbaren Paradoxen seiner Innenwelt dagegen hat der Inder keine Probleme. Er ist in der Lage, mühelos von einer Welt in die andere zu gleiten, auch weil er darin keine Widersprüche sieht. Ein Beispiel dafür sind indische Astrologen: Viele von ihnen haben ein naturwissenschaftliches Studium der Physik oder Mathematik genossen.

◼ Die indische Medienlandschaft

Nach ihrem Hobby gefragt, antworten Inder oft »lesen« und »Musik hören«. Dementsprechend ist Indien ein Paradies für Leser. Ob in Buchläden mit mehreren Stockwerken oder in staubigen Straßenläden – überall ist eine große Auswahl an Lesestoff und Tonträgern vorhanden. Die Bandbreite der soziokulturellen und sprachlichen Unterschiede hat eine bunte Vielfalt in der Medienlandschaft zur Folge.

Trotz der hohen Analphabetenrate in ländlichen Gebieten lesen immerhin 180 Millionen Inder Druckmedien, davon fast die Hälfte auf dem Land. 160 Millionen lesen regelmäßig Zeitung. Auch wenn die urbane indische Oberschicht es nicht wahrhaben will, ist die lokale Presse als Meinungsbildner in der Politik nicht zu unterschätzen. Von den zehn meistverkauften Tageszeitungen erscheinen vier auf Hindi, zwei davon stehen an erster und zweiter Stelle, was die Verkaufszahlen betrifft.

Es gibt mehr als 55.000 registrierte *Zeitungen*, von denen immer noch ungefähr 3.000 englischsprachige für Ausländer zur Auswahl stehen. Die erfolgreichste ist »The Times of India«, ein überregionales Blatt mit etwa 7,5 Millionen Lesern, das auch wegen seiner hohen Auflage besonders gern für Heiratsannoncen ausgesucht wird. Es ist die einzige englischsprachige Zeitung unter den verkaufsstärksten zehn.

Wichtige regionale Zeitungen sind »The Statesman«, der in Delhi und Kalkutta erscheint, »The Hindu« in Südindien, der eher mit politischen und wirtschaftlichen Themen punktet, und der »Deccan Herald« in Bangalore. Hinzu kommt »The Economic Times«, die an der Auflage gemessen das zweitgrößte Wirtschaftsblatt weltweit ist.

Die bekanntesten *Zeitschriften* sind »India Today« (der »Spiegel« oder »Focus« Indiens), »Frontline« und »Outlook«. Da das Kino ebenfalls eine wichtige Rolle spielt, hat die Filmzeitschrift »Filmfare« eine große Leserschaft vorzuweisen, ist aber eher für Bollywood-Fans zu empfehlen.

Nichts spiegelt die Lebendigkeit der indischen Demokratie so gut wider wie die qualitativ hochwertige Presse in Indien. Sogar 1975, als Indira Gandhi, die damalige Premierministerin, versucht hat, demokratische Freiheiten außer Kraft zu setzen, war es ihr nicht möglich, der Presse einen Maulkorb zu verpassen. Als eine Nation von eifrigen Zeitungslesern diskutieren Inder gern und lebhaft über Aktuelles.

Der erste *Fernsehsender* in Indien wurde mit Fördermitteln aus Deutschland aufgebaut und ging in den 1960er Jahren auf Sendung. Damals war Indira Gandhi Informationsministerin, und der staatliche Fernsehsender »Doordarshan« wurde als staatliches Monopol eingeführt. Er war anfangs eine Art Sprachrohr der regierenden Partei mit dem didaktischen Auftrag, die Landbevölkerung aufzuklären und die Integration dieses heterogenen Landes voranzutreiben. »Soziale Bildung« (»social education«) war das Schlagwort. Unterhaltung wurde nicht sehr groß geschrieben. Dementsprechend gering war das Interesse der Bevölkerung am Fernsehen. Auch die unsichere Stromversorgung in den Dörfern hat dazu beigetragen. Anfang der achtziger Jahre gelang es »Doordarshan«, die Gunst der Zuschauer mit Serien, Telenovelas und Serienverfilmungen der großen indischen Epen »Ramayana« und »Mahabharata« zu gewinnen. Als staatlicher Sender mit sozialem Engagement bietet er heute auf etwa 23 Kanälen ein sehr vielseitiges Programm.

Die *Privatsender*, die mit der Deregulierung der Wirtschaft Anfang 1990 ein neues Zeitalter des Kabelfernsehens einführten, hatten dieses Problem nicht. Inhalt und Zielgruppe wurden nach marktwirtschaftlichen Überlegungen festgelegt. Der Medienzar Rupert Murdoch mit seinem »Star TV« aus Hongkong ebnete den Weg für diese Entwicklung. Inzwischen gibt es circa 170 Millionen Fernsehgeräte, überwiegend mit Kabel- oder Satellitenanschluss. Im nördlichen Bundesstaat Uttar Pradesh verfügen etwa zwei Millionen Haushalte über Toiletten, 6,5 Millionen dagegen haben ein Fernsehgerät.

Während es bis 1991 nur »Doordarshan« gab, existierten 2006 mehr als 150 Sender. Seitdem sind drei bis vier neue pro Monat dazugekommen. Heute wird man regelrecht erschlagen von der Vielzahl der Fernsehsender. Zusätzlich zu den indischsprachigen Sendern, die für den Ausländer weniger von Interesse sind, gibt es die bekannten wie Star TV, Zee TV oder Sun TV in Südindien, die auch in Englisch senden. Hinzu kommen andere wie Deutsche Welle, BBC, CNN und die in Deutschland weniger bekannten (aber sehenswerten) Kanäle wie History Channel oder Discovery Channel.

Einige der Sendungen werden dem deutschen Zuschauer bekannt vorkommen. Die indische Version von »Wer wird Millionär« wurde jahrelang von Indiens bekanntestem Schauspieler Amitabh Bachchan moderiert. Für Freunde von Casting-Shows gibt es »Indian Idol« (»D sucht den Superstar«). Alle gängigen US-Serien sind im Original zu sehen und werden daher viel früher ausgestrahlt als in Deutschland.

Kein Beitrag über Medien in Indien wäre vollständig, ohne die *Filmindustrie* zu erwähnen. Indien ist der größte Filmproduzent weltweit. Täglich werden etwa drei Filme produziert, und die Wachstumsrate liegt bei 15 Prozent. Circa 15 Millionen Menschen gehen jeden Tag ins Kino, die Zahl der DVD- und VCR-Zuschauer kommt noch hinzu. Die meisten Filme entstehen in der Filmmetropole Bombay, und zwar in Hindi. Der Name »Bollywood« ist eine Kreation aus »Bombay« und »Hollywood«, obwohl Bombay inzwischen Mumbai heißt. Im Bundesland Tamil Nadu gibt es »Kollywood« für Filme in der Sprache Tamil, aber diese erreichen bei weitem nicht die Beliebtheit derjenigen aus Bollywood. Der deutsche Fernsehzuschauer hat Bollywood-Filme, die überwiegend Massenunterhaltung darstellen, erst vor Kurzem entdeckt.

Fast alle Genres bieten eine Mischung aus mehreren Elementen (Drama, Komik, Liebe), immer mit Gesang und Tanzeinlagen wie bei einem Musical. Inder bezeichnen sie als »Masala-Filme«, weil sie vergleichbar mit der Gewürzmischung sind. Sie folgen jedoch einer alten Kunst- und Literaturtradition Indiens, wonach es neun verschiedene »rasa« oder Gefühlsregungen gibt, und zwar Liebe, Humor, Überraschung, Leichtigkeit, Zorn, Mut, Trauer, Furcht und Ekel. Die klassischen indischen Epen berücksichtigen alle.

Neben dem Cricketspiel ist Bollywood der größte Integrationsfaktor im Wirrwarr Indiens. Da die Produzenten ein möglichst breites Spektrum von Zuschauern erreichen wollen, sind die Filme meist ohne Altersbeschränkung und bieten sowohl den Großmüttern als auch den Kindern Unterhaltung. Das entspricht dem indischen Familiensinn und hat zur Folge, dass viele Generationen einträchtig zusammen vor dem Fernseher oder im Kino sitzen.

Wenn man bereit ist, fast drei Stunden für einen Film aufzubringen, ist es ein interessantes Erlebnis, in ein indisches Kino zu gehen. Die Filme sind von einwandfreier Bildqualität, farbenfroh, mit schönen Menschen und Landschaften (oft in der Schweiz oder in Deutschland gedreht). Im Kino selbst wird oft mitgesungen, geklatscht und gejubelt.

Indische Schauspieler sind nicht nur Vorbilder, sondern auch Helden. Ihre Konterfeis sind allgegenwärtig und prangen überlebensgroß von allen Werbeplakaten.

Bollywood ist nicht weniger hierarchisch als andere Bereiche: Es gibt ein Star-Ranking mit Amitabh Bachchan, der zum »größten Bollywood-Schauspieler des Millenniums« gekürt wurde, dicht gefolgt von Shah Rukh Khan. Ihre erhebliche Medienpräsenz wird gesteigert durch Werbung für alles, von Bekleidung angefangen bis hin zu Autos oder Gesundheitsprodukten. Einige Schauspieler haben ihre Popularität eingesetzt, um politische Ämter zu erreichen. In Südindien sind beispielsweise Maruthur Gopalan Ramachandran oder Jayalalitha zu nennen. Beide haben ihre Filmkarriere als Sprungbrett in die Politik genutzt und bekleideten in Tamil Nadu jahrelang das Amt des Ministerpräsidenten.

Bollywood beeinflusst zahlreiche Lebensbereiche. Die Musik, die

Abbildung 2: Künstler im Atelier » Ellora Arts« bei der Arbeit an Bollywood-Filmplakaten, Mumbai, Maharashtra, 2003 (© Jörg Böthling)

man überall im Alltag hört, stammt in der Regel aus den Filmen, es gibt Bollywood-Dance (sogar bei Kindergeburtstagen) und Bollywood-Hochzeiten mit den passenden farbenfrohen Kostümen. Bollywood ist außerdem eine unerschöpfliche Quelle für Smalltalk.

Auch wenn man nach der Berichterstattung in westlichen Medien meinen könnte, dass ganz Indien inzwischen nur aus Computerspezialisten besteht, ist es lediglich eine kleine Elite, die Zugang zum *Internet* hat. 2003 gab es fast 20 Millionen Internet-User. Internetcafés finden sich in fast allen Städten. Auch größere Hotels bieten Internetnutzung gegen Gebühr an. Die indische Vorliebe für das Knüpfen von Kontakten und Aufbauen von Netzwerken passt genau zu den Kommunikationsmitteln des Internets, ob E-Mail, Grußkarten, Chatrooms, Blogs oder Skype. Der Politiker Shashi Tharoor hat mit seinen Twitter-Beiträgen für viel Wirbel gesorgt. Da die Informationstechnologie entscheidenden Anteil am rasanten Wachstum Indiens hat, wird sie als Schlüssel zum Fortschritt angesehen, teilweise gar als Allheilmittel gegen Armut und Rückständigkeit. Auf dem Lande haben Projekte dafür gesorgt, dass

Bauern über einen Dorfcomputer Wetterberichte oder Tagespreise für ihre Erzeugnisse abrufen können. Reiche Unternehmer spenden für Schulcomputer, und es gibt sogar ein »Hole-in-the-wall«-Projekt, das es Kindern in Slums oder in abgelegenen Gebieten ermöglicht, in öffentlich zugänglichen Mauern eingebaute Lernstationen zu nutzen.

■ Sprachen und Dialekte

Wenn zwei Inder sich zum ersten Mal treffen, wird das Gespräch anfangs auf Englisch geführt, vor allem im Südindien. Das hat einen praktischen Hintergrund: Man kennt in der Regel die Muttersprache seines Gegenübers nicht, auch wenn sein Aussehen und sein Name diesbezüglich meist gewisse Hinweise enthalten. Neben den 15 bis 24 Hauptsprachen fungiert Hindi als die »nationale Sprache« und Englisch als Geschäftssprache.

Die Amtssprache Hindi wird von etwa einem Drittel der Bevölkerung als erste Sprache gesprochen und ist die Lingua franca Nordindiens. Zusammen mit den anderen Sprachen Nordindiens gehört sie zur indogermanischen Sprachfamilie. Die Sprachen Südindiens dagegen gehören zur dravidischen Sprachfamilie. Als Hindi in den sechziger Jahren zur nationalen Sprache ernannt wurde, gab es heftige Proteste im Süden, besonders im Bundesstaat Tamil Nadu. Trotzdem wird Hindi auch im Süden zunehmend verstanden, nicht zuletzt wegen der »Bollywood-Filme« in Hindi, die im ganzen Land sehr beliebt sind.

Menschen mit etwas Bildung sprechen in der Regel drei Sprachen: die eigene Muttersprache, Hindi und Englisch. Im hindisprachigen Gebiet wird zusätzlich meist nur noch Englisch gesprochen, aber in Einzugsgebieten wie Bangalore beherrschen viele häufig vier Sprachen. Da fast jede indische Sprache ihre eigene Schriftart besitzt, beherrschen Inder nicht alle in Wort und Schrift. Ein Malayali aus Kerala kann Schilder auf Gujarati genauso wenig lesen wie der Ausländer (vgl. Abbildung 3). Für den deutschen Expat, der die meiste Zeit in einem Büro verbringt, besteht keine zwingende Notwendigkeit, eine indische Sprache zu erlernen. Etwa 200 Millionen Inder sprechen Englisch, es gibt diverse englischsprachige Zeitungen und das Alltagsgeschäft in den Unternehmen

Transliteration:	uccāḥ vṛkṣāḥ mārgāṇāṁ pārśve rohanti.
	Hohe Bäume wachsen an den Straßen.
Devanagari:	उच्चाः वृक्षाः मार्गाणां पार्श्वं रोहन्ति।
Gujarati:	ઉચ્ચાઃ વૃક્ષાઃ માગ઼ાિણાં પાર્શ્વં રોહ઼ન્તિ।
Bengali:	উচ্চাঃ বৃক্ষাঃ মার্গাণাং পার্শ্বে রোহন্তি।
Oriya:	ଉଚ୍ଚାଃ ବୃକ୍ଷାଃ ମାର୍ଗାଣାଂ ପାର୍ଶ୍ୱେ ରୋହନ୍ତି।
Kannada:	ಉಚ್ಚಾಃ ವೃಕ್ಷಾಃ ಮಾರ್ಗಾಣಾಂ ಪಾರ್ಶ್ವೆ ರೊಹಂತಿ.
Telugu:	ఉచ్చాః వృక్షాః మార్గాణాం పార్శ్వె రొహంతి.
Grantha:	உச்சா꞉ வ்ருக்ஷா꞉ மார்கா³ணாம் பார்ஸ்²வே ரோஹந்தி।
Tamil:	உச்சா꞉ வ்ரிக்ஷா꞉ மார்காணம் பார்ஶ்வெ ரொஹந்தி.
Malayalam:	ഉച്ചാഃ വൃക്ഷാഃ മാര്ഗ്ഗാണാം പാരശ്വ രൊഹന്തി.
Singhalesisch:	උච්චාඃ වෘක්ෂාඃ මාර්ගාණාං පාර්ශ්වෙ රොහන්තී.

Abbildung 3: Sanskrit-Mustersatz in verschiedenen indischen Schriften

läuft in Englisch ab. Trotzdem darf man nicht vergessen, dass Englisch nach wie vor die Sprache der städtischen Mittel- und Oberschicht ist. Die Landbevölkerung oder Menschen mit weniger Schulbildung wie etwa Bandarbeiter, Taxifahrer, Dienstpersonal oder Straßenverkäufer sprechen in der Regel kein Englisch. Für Ausländer lohnt es sich, sich wenigstens Grundkenntnisse in der lokalen Sprache anzueignen – besonders dann, wenn sie mit Arbeitern direkten Kontakt haben oder sich zwei Jahre oder länger im Land aufhalten. Gleichzeitig erhöht das natürlich auch die Akzeptanz in Indien. Expats in Nordindien haben es leichter, weil sie mit Hindi dort und im Bundesstaat Maharashtra (mit Mumbai, ehemals Bombay) gut auskommen. In Südindien dagegen benötigt man die jeweilige Landessprache. Andererseits wird Englisch im Süden von einer breiteren Masse verstanden, vor allem in den Städten.

»Indian English« ist eine Variante des »standard English«. Beide Varianten unterscheiden sich in Bezug auf die Schreibweise nur wenig, in etwa wie amerikanisches und britisches Englisch. Neben eingestreuten indischen Begriffen wie »lakh« für 100.000 oder »crore« für zehn Millionen gibt es jedoch englische Begriffe, die im indischen Kontext eine etwas andere Bedeutung haben – »fair« heißt in Heiratsannoncen beispielsweise so viel wie »hellhäutig«. Weitere Beispiele sind in Tabelle 3 zu finden.

Tabelle 3: Einige indisch-englische Begriffe

lakh	100.000
crore	10 Millionen
Bharat	Indien
ji	höfliche Anrede als Suffix, z. B. Müller-ji
wine shop	verkauft Alkoholika, aber keine Weine
chowkidar/watchman/darwan	Türsteher, Wächter
almirah	abschließbarer Schrank
-wala (männlich) -wali (weiblich)	Suffix: Begriff für die Person, die eine Tätigkeit ausführt Beispiel: chaiwala = Teezubereiter/-verkäufer (»chai« = Tee)
fair (bei Aussehen)	hellhäutig
veg/non-veg	vegetarisch, nichtvegetarisch
chat house	Imbissstube für indische »chaat« (Speisen)
dhobi	Wäscher
puja/pooja (ausgesprochen »pudscha«)	Gebetsritual
pukka (ausgesprochen »pakka«)	richtig, ordentlich
fresher	Berufsanfänger
I have a doubt.	Mir ist etwas nicht ganz klar.
Please do the needful.	Bitte veranlassen Sie das Notwendige.
bandh	Streik
house	Haus oder Wohnung
hotel	Hotel oder Restaurant

Für Ausländer ist es nicht immer einfach, das von Indern gesprochene Englisch auf Anhieb zu verstehen. Tonfall, Geschwindigkeit und Aussprache sind an die indische Muttersprache angelehnt. Die Ausdrucksweise spiegelt auch die indische Denkweise wider.

Wenn sich Inder untereinander in ihrer Muttersprache unterhalten, vermischen sie sie meist mit vielen englischen Begriffen, weil es manchmal kein einheimisches Wort dafür gibt. »Fridge« (Kühlschrank) ist ein Beispiel dafür. Umgekehrt gibt es das »Hinglish«, in dem Hindiausdrücke wie »atscha« (ja, OK, gut) oder »ki« (dass, ob) mit Englisch in einem Satz verwendet werden. Dadurch könnte der folgende Satz entstehen: »He asked me ki can I come. I said atscha.« (»Er fragte mich, ob er kommen könne. Ich sagte ja.«) »Hinglish« mit fast keinen englischen Begriffen dazwischen ist bei Werbesprüchen sehr beliebt. Die indische Bildungselite, die eine englischsprachige Schule besucht hat, beherrscht Englisch perfekt – wie beispielsweise die erfolgreichen indischen Autoren, die in englischer Sprache publizieren, Salman Rushdie, Vikram Seth oder Vikas Swarup.

■ Kapitel 2: Religion und Tradition

In kaum einem anderen Land gibt es eine solche Vielfalt an Religionen und Traditionen wie in Indien, wie beispielsweise die Wahlen im Jahr 2004 eindrucksvoll zeigten. Man konnte an den Bildschirmen verfolgen, wie die katholische Sonia Gandhi den Weg für den Sikh Manmohan Singh ebnete, Premierminister von Indien zu werden. Er wurde wiederum von dem muslimischen Präsidenten Abdul Kalam vereidigt.

■ Der Islam

Obwohl die Mehrzahl der Inder Hindus sind, lebt in Indien nach Indonesien und Pakistan die drittgrößte muslimische Gemeinschaft der Welt.

Der Islam ist auf verschiedenen Wegen nach Indien gelangt. Vom 7. Jahrhundert an trieben Araber Handel in den südindischen Küstenorten. Sie gründeten dort arabische Kolonien und praktizierten ihre Religion. Im Norden kamen von Afghanistan und dem indischen Nordwesten her zwischen dem 8. und 11. Jahrhundert muslimische Eroberer, die die Reiche und die Tempel der Hindus überfielen. Es entwickelten sich autarke Muslim-Provinzen. Fast 600 Jahre lang wurde Indien von muslimischen Dynastien wie der der Mogule regiert. Einige muslimische Herrscher wie Kaiser Akbar zeigten Toleranz gegenüber den Hindu-Untertanen. Andere wie sein Nachfahre Kaiser Aurangzeb brachen mit dieser Tradition. Das Mogulreich prägte die indische Kunst- und Kulturlandschaft nachhaltig. Viele der berühmten Baudenkmäler Indiens wie das Taj Mahal wurden während dieser Zeit errichtet.

Rund 14 Prozent der Inder heute sind Muslime. Sie leben über den ganzen Subkontinent ungleichmäßig verteilt. Jammu und Kaschmir ist der einzige Bundesstaat mit einer muslimischen Mehrheit. Lediglich ein geringer Teil zählt zur Mittelschicht. Trotz einiger bekannter muslimischer Unternehmer – Azim Premji zum Beispiel – ist die Mehrheit in den Wachstumsbranchen der Industrie unterrepräsentiert. In der Filmindustrie Bollywoods gibt es aber eine Reihe von namhaften Muslimen, etwa den Schauspieler Shahrukh Khan oder den Komponisten Allah Rakha Rahman (Oscar-Preisträger 2009).

Anders als in Pakistan und Bangladesch, die 1947 als muslimische Staaten gegründet wurden, existiert in Indien keine Einheit von Religion und Politik, wie sie in der islamischen Welt oft postuliert wird. Eine eigene gesamtindische muslimische Partei hat es nach dem Verbot der »Muslim League«, die vor 1947 für Pakistan gefochten hatte, in Indien nicht mehr gegeben, aber es gibt muslimische Parteien auf regionaler Ebene. Die großen Parteien bemühen sich auch um die Stimmen der Muslime. Der vom ersten indischen Premierminister Jawaharlal Nehru als säkular definierte Staat verzichtete bewusst auf Einmischung in religiöse Angelegenheiten. Dadurch konnte die Mehrheit der Muslime freiwillig nach der Teilung in Indien bleiben. Muslime haben zum Beispiel die Möglichkeit, Personenstandsfragen nach dem Scharia-Zivilrechtsgesetz gesondert zu regeln.

Seit der Unabhängigkeit Indiens von Großbritannien hat es immer wieder Konflikte zwischen Moslems und Hindus gegeben. Einerseits sind die Moslems ein fester Teil der indischen Gesellschaft. Andererseits ist ihre Religion nicht in Indien entstanden und steht dem Hinduismus in vielen Punkten kontrovers gegenüber, der das Leben der indischen Gesellschaft bis heute in weiten Teilen maßgeblich bestimmt.

■ Die Sikh-Religion

Die Religion der Sikhs resultiert aus einer Mischung von Hinduismus und Islam. Der Religionsgründer Guru Nanak (1469–1539) betonte die Einheit von Gott und der Gemeinschaft der Menschen. Er lehnte vor allem das Kastenwesen ab. Es entstand eine neue Religion, die sich im

18. Jahrhundert vom Hinduismus trennte. Priester gibt es bei den Sikhs nicht. Die Sikhs orientieren sich nicht an religiösen Dogmen, sondern sie wollen vielmehr religiöse Weisheit für den Alltag nutzbar machen.

Äußerlich sind die Sikhs vor allem am Dastar zu erkennen, einem Turban, der das Haar bedeckt, das sie als Zeichen des Respekts vor der Schöpfung nie schneiden. Ihre Heimat liegt in Nordindien, im Punjab. Dort und in der Hauptstadt Neu-Delhi leben bis heute rund 80 Prozent der Sikhs. Gegen Ende des 18. Jahrhunderts erstarkten die Sikhs. Ranjit Singh (1780–1839) errichtete im Punjab ein Sikh-Reich, das von den Engländern nach seinem Tod erobert wurde. Die Sikhs spielten daraufhin als Elitesoldaten der indischen Armee eine wichtige Rolle. Um 1980 gab es innerhalb der Gruppe starke separatistische Tendenzen, die von Indira Gandhi deutlich bekämpft wurden. Bei einem auf sie verübten Attentat durch zwei ihrer Leibwächter kam sie ums Leben. Die Leibwächter waren Sikhs. Inzwischen haben die Sikhs einen eigenen Bundesstaat, den Punjab, und sind damit wieder in den indischen Staat integriert.

◼ Der Buddhismus

Der Buddhismus hat sich aus dem Hinduismus entwickelt. Der Buddha selbst, Siddhartha Gautama, stammte aus der Kriegerkaste und lebte im 5./6. Jahrhundert vor Christus mit seiner Familie in Nordindien, im heutigen Bundesstaat Bihar. Er gründete einen Mönchsorden, der von vielen Laienanhängern unterstützt wurde. Die Essenz der Lehre Buddhas ist in den »vier edlen Wahrheiten« zusammengefasst. Sie handeln vom Leiden und der Überwindung des Leidens und des Ichs. Der wichtigste Unterschied zwischen Buddhismus und Hinduismus besteht darin, dass es keine ewige »Seele«, von den Hindus »Atman« genannt, gibt, die von Geburt zu Geburt eines Menschen wandert. Buddhas Weg zur Überwindung des Leids, der nicht als Gottes Wort verstanden werden soll, ist der achtgliedrige Pfad. Buddhas Lehre fand in Indien schnell Zulauf bei reichen Händlern und mächtigen Fürsten. Mit dem Übertritt Kaiser Ashokas zum Buddhismus im 3. Jahrhundert vor Christus verbreitete sich die Religion über alle Bevölkerungsgruppen und die hinduistischen Religionen verloren

viele Anhänger. Die Buddhisten sind in Indien mit einem Bevölke-
rungsanteil zwischen ein und zwei Prozent heute eine Minderheit. Viele
Hindus sehen Buddha als Reform-Hindu (der ehemalige Präsident Rad-
hakrishnan nannte ihn den »Martin Luther Indiens«) und besuchen heute
ebenfalls die heiligen Plätze der Buddhisten. Die meisten Buddhisten sind
Exiltibeter und leben in den nordindischen Bundesstaaten im Himalaya.
Die buddhistischen Tempelanlagen in Indien sind bis heute ein Anzie-
hungspunkt für Buddhisten aus der ganzen Welt. Der Dalai Lama, das
religiöse und politische Oberhaupt der Tibeter, lebt seit seiner Flucht aus
Tibet im Exil in Dharmshala im nordindischen Bundesstaat Himachal
Pradesh. In der Vorstellung des tibetischen Buddhismus wird der Dalai
Lama als Mensch angesehen, der sich aus Mitgefühl entschlossen hat, mit
seiner Wiedergeburt wieder ein menschliches Leben anzunehmen, um anderen Wesen nützlich zu sein.

■ Der Jainismus

Der Jainismus ist in Indien im 6. Jahrhundert vor Christus entstanden, er
wurde begründet von Mahavira (ca. 599–527 v. Chr.). Dieser nannte sich
Jina, was soviel wie geistiger Sieger bedeutet. Zu den drei ethischen Prinzipien
des Jainismus zählen Ahimsa (Gewaltlosigkeit), Aparigraha (Unabhängigkeit von unnötigem Besitz) und Satya (Wahrhaftigkeit). Um ihrem Anspruch
auf Gewaltlosigkeit gerecht zu werden, ernähren sich Jains so, dass sie keine
Tiere und Pflanzen töten müssen. So essen sie beispielsweise kein Wurzelgemüse, weil beim Ernten sowohl die Pflanze als auch Tiere in der Erde sterben
können. Einige Jains tragen einen Mundschutz, der sie daran hindern soll,
beim Einatmen auch nur kleinste Lebewesen zu töten. Die Jains sind im
heutigen Indien eine Minderheit, der weniger als ein Prozent der Bevölkerung angehört und die sehr einflussreich im Handel ist.

■ Das Christentum

Die Spuren der Christen in Indien reichen bis in das vierte Jahrhundert
zurück, als der Apostel Thomas nach Kerala in Südindien kam. Die sy-

risch-christliche Kirche hat ihre Wurzeln in diesem Besuch. Die christ-
liche Missionierung begann allerdings erst im 16. Jahrhundert mit der
Ankunft des heiligen Franziskus Xavier 1542. Mehr als die Hälfte der
indischen Christen lebt in Südindien in den Bundesstaaten Kerala, Goa,
Tamil Nadu, Karnataka und Andra Pradesh. Viele Hindus konvertierten
im Zuge der Missionierung zum Christentum, um aus dem Kastensystem auszusteigen und sich vor Diskriminierung zu schützen. Rund zwei
bis drei Prozent der indischen Bevölkerung heute sind Christen. Sie sind
unter allen Glaubensgruppen führend, was höhere Bildungsabschlüsse
angeht.

▪ Das Parsentum

Parse ist das indische Wort für Perser. Die Religion der Parsen gilt als
eine der ältesten der Welt. Sie sind Nachkommen der im achten Jahrhundert aufgrund der Islamisierung aus Persien geflohenen Anhänger
der Religion des Propheten Zarathustra. Die meisten Anhänger dieser
Glaubensrichtung leben heute in Indien, die Mehrzahl in Mumbai.
Nach den Bräuchen der Parsen werden Tote weder beerdigt noch ver-
brannt, weil sie dadurch die Erde, das Feuer oder die Luft, die als heilig
gelten, verschmutzen würden. Die Toten werden auf die so genannten
»Towers of Silence« gebracht, wo sie den Geiern zum Fraß vorgelegt
werden. Die Parsen zeichnen sich durch ihre Leistungen in Industrie
und Handel aus und tragen in hohem Maße zum intellektuellen Leben
Indiens bei. Allerdings wird ihr Anteil an der Bevölkerung immer kleiner und liegt inzwischen bei weniger als 100.000. Einige Familien indischer Großindustrieller, wie etwa die Tata-Familie, sind Parsen. Der
Schriftsteller Rohinton Mistry ist ebenfalls Parse.

▪ Der Hinduismus

Die Definitionen von Hinduismus variieren sehr stark. Die indische
Verfassung unterscheidet zwischen einheimischen, das bedeutet in Indien entstandenen Religionen, und solchen, die außerhalb des Subkon-

tinents entstanden sind, wie etwa der Islam. Mit dem Begriff »Hindu-Religion« beziehungsweise »Hinduismus« werden in der Verfassung alle in Indien entstandenen Religionen zusammengefasst. So zählen also auch der Buddhismus, der Jainismus und die Religion der Sikhs dazu.

Das Wort »Hindu« stammt ursprünglich aus Persien. Es war der Name für die Menschen im Lande des Flusses Indus. Zunächst hatte das Wort also mit Religion noch nichts zu tun. Erst als sich zu Beginn des 8. Jahrhunderts Muslime im Industal niederließen und im 13. Jahrhundert Nordindien stark islamisch geprägt war, begann das Wort »Hindu« eine religiöse Bedeutung anzunehmen, die es noch bis heute hat. »Hindu« wurde zur religiösen Abgrenzung zunächst gegenüber den Muslimen, später auch gegenüber Christen, Juden und Buddhisten.

Abbildung 4: Brahmane bei der abendlichen Puja zu Ehren des Flusses Ganges, Varanasi, Uttar Pradesh, November 2008 (© Nina Papiorek)

▉ Grundprinzipien

Die Hindus bezeichnen ihre Religion als »Sanatana Dharma«, was so viel bedeutet wie »ewige Weltordnung«. Der Hinduismus selbst ist ein breit gefächerter Religionskomplex mit unterschiedlichen Richtungen, der Mythologie, Spiritualität, folkloristische Tradition, Philosophie und religiöse Riten beinhaltet. Im Hinduismus gibt es keinen Religionsgründer, keine zentrale Führung, kein Oberhaupt und auch keine geschlossene Lehre.

Gemeinsam ist den verschiedenen religiösen Gemeinschaften die rituelle Anerkennung der Veden, der heiligen Schriften, die Akzeptanz des Kastensystems, eine hierarchische Einteilung der Gesellschaft in verschiedene Stände und die Vorstellung von einer Wiedergeburt. Die Erlösung vom Zyklus der Wiedergeburt wird angestrebt, um Moksha, die Einheit der individuellen Seele mit der universellen, zu erlangen. Karma ist die Bilanz der letzten Leben, die bestimmt, ob und in welche Daseinsform jemand wiedergeboren wird. Das Schicksal in diesem Leben wird vom Karma der letzten Leben vorbestimmt, aber man kann das nächste Leben beeinflussen durch die Erfüllung von Dharma, die natürliche Pflicht oder Ordnung. Die Erfüllung des eigenen Dharmas (»Sva-Dharma«), das von Mensch zu Mensch variiert, ergibt Dharma als Gesellschaftsordnung.

▉ Das Hindugötter-Universum

Das Götteruniversum der Hindus besteht aus der Dreieinigkeit der Götter Brahma, dem Erschaffer der Welt, Vishnu, dem Erhalter, und Shiva, dem Zerstörer. Als Einheit stellen sie den Kreislauf des Lebens dar. Vishnu und Shiva kommen in verschiedenen Formen vor. Allein Vishnu hat zehn Erscheinungsformen (»Avatare«), einschließlich Krishna, dem Helden, aber auch göttlichen Philosophen vieler einfacher Volksgeschichten. Da die Götter auch noch unter verschiedenen Namen bekannt sind – Nataraja (der Herr des Tanzes) ist beispielsweise eine Erscheinungsform von Shiva –, erscheint die Hindugötterwelt auf den ersten Blick unüberschaubar (für einen ersten Überblick siehe Tabelle 4).

Tabelle 4: Hindugötter

Hauptgötter des Hindu-Pantheons	
Trimurti*	Dreieinigkeit, bestehend aus Brahma, Vishnu, Shiva
Brahma*	der Schöpfer
Saraswati	Gemahlin Brahmas, Göttin der Sprache und der Künste
Vishnu	der Erhalter
Lakshmi	Gemahlin Vishnus, Göttin des Wohlstands und Reichtums
Rama, Krishna	2 der 10 Reinkarnationen von Vishnu
Shiva	der Zerstörer
Parvati/Durga/Kali	Gemahlin Shivas, das weibliche Prinzip in allen Formen
Ganesha	Sohn Shivas und Parvatis, Gott der praktischen Weisheit, beseitigt alle Hindernisse, Gott der Wissenschaften
Hanuman	Affengott, treuer Gefährte Ramas

*Für Trimurti und Brahma gibt es kaum eigene Tempel oder Feste.

Wegen dieser Vielzahl an Göttern wählt ein Hindu einen – beispielsweise Krishna – als persönlichen Gott. Dies ist oft in der Familientradition begründet. Dieser persönliche Gott ist der Ausdruck des höchsten Gottes oder der universellen Seele, die auch »Brahman« genannt wird. Daher ist der Hinduismus sowohl monotheistisch wie auch polytheistisch: Der Indologe Max Müller hat dafür den Begriff »henotheistisch« geschaffen.

Nach der Vorstellung der Hindus liegt »Brahman« außerhalb des menschlichen Bewusstseins. Brahman ist die kosmische Seele, die die höchste Wahrheit darstellt, es ist dem Universum immanent und hat keine festgelegten Eigenschaften. In der indischen Philosophie ist die individuelle Seele »Atman« ein Teil Brahmans, so wie ein Tropfen Wasser Teil eines endlosen Ozeans ist. Es gibt viele Wege (»Marga«), die Verschmelzung der Einzelseele mit Brahman (»Moksha«) zu erlangen: Dazu gehört auch die Hingabe an einen persönlichen Gott.

In Indien gibt es viele hinduistische Pilgerstätten, wie beispielsweise den berühmten Thirupati-Tempel in der südindischen Bundesstaat Andhra Pradesh und die Stadt Varanasi am heiligen Fluss Ganges im nordindischen Bundesstaat Uttar Pradesh. Der Ganges verkörpert für Hindus die göttliche Reinheit. Mit rituellen Waschungen im Gangeswasser reinigen sich die Menschen spirituell. Die Asche der Toten wird im Fluss verstreut, um auf direktem Wege Moksha zu erlangen. Daher ist Varanasi das Ziel vieler alter oder kranker Hindus, die hier auf den Tod warten. Unmittelbar vor dem Verbrennen auf den am Ufer des Ganges gelegenen Feuern werden die Toten nochmals zur letzten Waschung in den Ganges getaucht. Untersuchungen zeigen, dass das Wasser des Ganges biologisch und chemisch stark verunreinigt ist. Das hindert die Hindus jedoch nicht daran, in dem Fluss zu baden. Nach ihrer Vorstellung besitzt es ungewöhnliche Regenerationseigenschaften, die die Hindus als Bestätigung für die traditionelle Sonderstellung des Flusses sehen.

■ Organisation

Auch wenn die Tempel an wichtigen Festtagen mit Gläubigen gefüllt sind, ist der Hindu selten in eine religiöse Gemeinschaft integriert. Die meisten »poojas« (Gebetsrituale) finden im Familienkreis statt. Den Tempel besucht ein Hindu meist allein. Mit dem Glockenschlag am Tempeleingang ruft der Hindu seinen persönlichen Gott. Ein Hindu-Priester ist kein Seelsorger, sondern ein Hüter der traditionellen Riten. Er gehört fast immer zur Kaste der Brahmanen und ist versiert in den alten Hinduschriften. Bei Hochzeiten und anderen rituellen Anlässen ist er für deren Ablauf und Ausführung zuständig. In spirituellen Angelegenheiten geht ein Hindu zu seinem persönlichen »Guru« oder spirituellen Lehrer.

Im Hinduismus wird nicht missioniert, weil die Religion keinen alleinigen Anspruch auf die Wahrheit kennt. Daher können Hindus ohne Gewissensbisse auch in einer Kirche beten. Der Philosoph Adi Shankara gründete im 8. Jahrhundert die ersten Klöster, die heute noch existieren. Durch das Fehlen einer zentralen Führung werden verschiedene Richtungen der hinduistischen Lehre von unterschiedlichen Organisationen propagiert. Manche bieten Abendkurse an, andere wie Sri Sri Ravi Shankars »Art of Living« decken eine breite Palette von religiösen und philosophischen Themen ab und sind in ganz Indien bekannt. Von den neohinduistischen Bewegungen der letzten zweihundert Jahre ist die von Vivekananda gegründete Ramakrishna-Mission eine der traditionsreichsten. Der Priester und Mystiker Ramakrishna (1836–1886) vertrat die Ansicht, dass alle Religionen dieselbe höchste Wahrheit verkünden und nur verschiedene Wege dorthin darstellen.

Diese im Hinduismus anzutreffende pluralistische Toleranz nach dem Prinzip »Alle Flüsse fließen ins Meer« wird neuerdings von den hindunationalistischen (»Hindutva«-)Bewegungen bewusst abgelehnt. Die »Hindutva«-Anhänger sind politisch in der BJP-Partei beheimatet. Durch die Radikalen unter ihnen wurde eine Kampagne gegen die Babri-Moschee, die im 16. Jahrhundert vom Mogulherrscher Babar an der Stelle eines Hindutempels errichtet worden war, geschürt. Sie mündete 1992 in der Zerstörung der Moschee, die heute noch nachwirkt. Es gibt auch eine erzkonservative Minderheit (von den Medien spöttisch »saffron brigade« genannt), die sich als Wächter von Moral und Anstand sieht und die Entwicklungen im modernen Indien mit Argwohn betrachtet. In letzter Zeit sind einige Vorfälle von Repressalien durch diese Gruppen bekannt geworden.

■ Die heiligen Schriften

Die heiligen Schriften werden auch Veden genannt. Der Name stammt von »veda«, Wissen. Der Rigveda, das »Wissen von den Versen«, setzt sich aus insgesamt zehn Büchern mit mehr als 1000 Hymnen zusammen, die wiederum aus über 10.000 Versen bestehen. Sie sind an verschiedene Götter gerichtet und stammen größtenteils aus dem zweiten Jahrtausend vor Christus. Der Rigveda ist der älteste Teil der vedischen Texte. Zwei weitere Veden sind in der ersten Hälfte des ersten Jahrtausends nach Christus entstanden: Samaveda, »das Wissen von den Gesängen«, und Yajurveda, »das Wissen von den Opfersprüchen«. Etwas später entstanden ist der Atharva-Veda. Zur vedischen Literatur gehören auch die später dazugekommenen Schriften der Brahmanas, Aranyakas und Upanishaden (700 v. Chr. bis 500 v. Chr.).

Bis heute sind die Sakramente aus den Veden rituell für das Leben der Angehörigen der drei oberen Kasten von Bedeutung geblieben. Von der Empfängnis und Geburt eines Kindes über die Initiation und Heirat bis hin zur Verbrennung nach dem Tod begleiten sie den Lebenszyklus der Menschen. Nach einem Vers aus den Veden gefragt, kennen die meisten den ersten Vers aus der vedischen Hymne Gayatri. Sie enthält die Bitte an den Sonnengott um Erleuchtung. Die hinduistische Philosophie heute basiert auf den Upanishaden-Kommentaren zu den Veden.

Während die Veden für Hindus aus göttlicher Quelle entsprungen sind, gibt es auch heilige Texte menschlichen Ursprungs. Hier sind unter anderem die zwei Nationalepen »Ramayana« und »Mahabharata« (entstanden zwischen 200 v. Chr. und 400 n. Chr.) sowie die Puranas zu nennen. Für den Alltag des Hindus ist die erste Kategorie viel wichtiger. Jedes indische Kind kennt die Götter und Geschichten aus den Epen. Sie sind nicht nur im Tempel, sondern auch in Form von Fernsehserien, Bilderbüchern und Comics allgegenwärtig.

Der Kern der hinduistischen Philosophie ist im »Bhagavad Gita« (der göttliche Gesang) aus dem Epos »Mahabharata« enthalten. Es wird als »Quintessenz der Veden« betrachtet. Es ist ein bedeutendes philosophisches Werk, das für interessierte Ausländer leicht zugänglich ist, weil in allen Städten Kurse dazu angeboten werden.

Das religiöse Leben im modernen Indien

»In Deutschland ist Glaube Privatsache, aber Sexualität öffentlich.
In Indien ist es umgekehrt«,
so die Worte eines indischen Geschäftsmannes auf Deutschlandbesuch.

Mit dem ökonomischen Wachstum nimmt in vielen Ländern der Einfluss der Religion ab. Das ist in Indien noch nicht der Fall. Im Gegenteil: Laut dem »Census of India« gibt es 2,4 Millionen »places of worship« (aber nur 1,5 Millionen Schulen) und es kommen jeden Tag neue hinzu. Große Plakate werben für »religiöse Lehrer« aus unterschiedlichen Religionen, rei-

che Industrielle wie beispielsweise die Familie Birla stiften Tempel und
Gebetshallen, und das Angebot an spirituellen Fortbildungen wie Inter-
pretation der heiligen Schriften ist groß. Die Religiosität ist im Alltag überall erkennbar. In jeder Montagehalle beispielsweise ist ein Altar aufgebaut,
Wohnungen haben einen Gebetsraum (»pooja room«) oder eine -nische,
am Eingang der Mumbai-Börse steht eine Ganesha-Statue (des Gottes, der
Hindernisse aus dem Weg räumt), vor der sich die jungen Börsenmakler
verneigen, bevor sie mit der Arbeit beginnen. Wegen der Vielzahl von regional unterschiedlichen Festen und Religionen ist es, wie in Kapitel 1
erwähnt, der Firma überlassen, an welchen Feiertagen die Belegschaft frei
bekommt. Bei der Firma Bosch in Indien beispielsweise sind die drei wichtigsten nationalen Feiertage (siehe unten) gekoppelt mit sieben Feiertagen,
die mindestens drei Religionen berücksichtigen. Zusätzlich dürfen Mitarbeiter außerhalb dieser festgelegten Tage fehlen, wenn sie eigene religiöse
oder regionale Feste feiern.

■ Feste und offizielle Feiertage

Unbewegliche Feiertage, gültig für ganz Indien, sind:
- 1. Januar: Neujahrstag
- 26. Januar: Republic Day (wird in Delhi mit einem prunkvollen Um-
  zug gefeiert)
- 15. August: Independence Day (Tag der Unabhängigkeit Indiens)
- 2.Oktober: Gandhi Jayanti (Gandhis Geburtstag)
- 25. Dezember: Weihnachtsfeiertag

Bewegliche Feiertage: Diese Auflistung enthält Feste, die häufig auch zugleich offizielle Feiertage sind. Jedoch sind sie von Region zu Region
unterschiedlich. Da sie in Übereinstimmung mit dem Mondkalender
begangen werden, ändern sich die Daten von Jahr zu Jahr.

Mitte Januar
- Makar Sankranti (Fest der Sonnenwende)/Pongal: Es wird im Westen
  (Maharashtra, Gujarat) und Süden (Karnataka, Tamil Nadu) gefeiert.
  In Tamil Nadu wird dieses Fest (Erntedank) als Pongal bezeichnet.
- Muharram (muslimisches Trauerfest zum Tode des Imams Hussain)

Februar
- Maha Shivratri (zu Ehren des Gottes Shiva)

März
- Holi (Frühlingsfest): Ursprünglich wurde es nur im Norden gefeiert, aber es hat sich im ganzen Land ausgebreitet. An dem Tag besprüht man sich gegenseitig mit gefärbtem Wasser oder Farbpulver. Vorsicht mit guter Kleidung bei diesem Fest!

März/April
- Karfreitag (christlicher Feiertag)
- Milad-un-nabi (Prophet Mohammeds Geburtstag)

April
- Ram Navami (Hindu-Gott Rams Geburtstag)
- Mahavir Jayanti (Geburtstag von Mahavira, Gründer der Jain-Religion)

Mai
- Buddha Purnima (Buddhas Geburtstag)

Juli
- Raksha Bandhan (Fest der Geschwister): Schwestern binden ihren Brüdern farbige Bänder als Liebeszeichen ums Handgelenk. Es gilt nicht nur für leibliche Brüder, sondern auch für Vettern oder Freunde. Es wird hauptsächlich im Norden gefeiert und ist kein offizieller Feiertag.

August/September
- Janmashtami (Hindu-Gott Krishnas Geburtstag)
- Ganesh Chaturthi (Fest zu Ehren des Elefantengottes Ganesha): Es wird besonders in Mumbai und Karnataka gefeiert.
- Onam (Erntedankfest, besonders in Kerala)

September/Oktober
- Dashahara/Dussehra ist der Abschlusstag (10. Tag) des größten überregionalen Festes Indiens. Es heißt in jeder Region anders, unter anderem »Navaratri« (Fest der neun Nächte).
- Deepavali/Diwali: Festbeleuchtung und Feuerwerk sind Tradition

und Diwali-Karten, Süßigkeiten und Grüße (»Happy Diwali«) werden verschickt.

November
- Guru Nanak Jayanthi (Geburtstag von Guru Nanak, des Gründers der Sikh-Religion)

Dezember
- Bakri Id/Idu'l Zuha (muslimisches Fest zu Ehren Ibrahims): Bakri Id gibt es kurioserweise manchmal zweimal im selben Jahr, weil der islamische Kalender kürzer ist.

Sonstige arbeitsfreie Tage kann es durch unerwartete Schließungen von Büros oder Fabriken, wegen Streiks, Demonstrationen oder Ähnlichem geben. Trotz der festgelegten Feiertage empfiehlt es sich bei Dienstreisen, sich vorher zu erkundigen, ob kurzfristige Verschiebungen eingetreten sind.

Bei Firmen werden neue Gebäude oder Maschinen rituell eingeweiht. Außerdem wird einmal im Jahr »Aayudha pooja« gefeiert. An diesem Tag säuberten und schmückten die Bauern früher ihre Werkzeuge und beteten um Gottes Segen. Diese Rituale wurden inzwischen auch auf Industriehallen und Büros übertragen, wo die Maschinen und Computer mit heiligem »Kumkumpulver« betupft und mit Blumen geschmückt werden.

Tipp: Deutsche sollten religiöse Bräuche am Arbeitsplatz tolerieren, um Missstimmung und mangelnde Motivation zu vermeiden.

■ Die heilige Kuh

Zu den religiösen Besonderheiten Indiens gehört zweifellos auch die heilige Kuh. Sie ist so bekannt, dass sie inzwischen sprichwörtlich geworden ist. Der Kult um dieses Tier ist jahrtausendealt, viele Rinder züchtende Völker betrieben und betreiben ihn. Dazu gehören auch Traditionen wie der Pfingstochse oder der Almabtrieb in Teilen Süddeutschlands und Österreichs. Die Verehrung der Kuh bei den Hindus hat ähnliche Wurzeln. Ein Drittel der Viehbestände der Welt lebt in In-

dien, zum Teil im »Gaushala« (einer Art Altersheim für Kühe). Auf dem
Lande ist die Kuh auch heute das Nutztier schlechthin, sogar der Kuhmist findet Verwendung als Brennmaterial. Im Hinduismus ist der Gott
Krishna ein Kuhhirt. Im rituellen Bereich werden Milch oder Süßigkeiten aus Milch als Opfergabe gebracht und »Ghee« (Butterschmalz) für
das Opferlicht verwendet. Die Kuh wird als Symbol von aufopfernder
Mutterliebe verehrt und dementsprechend vor dem Schlachten be-
wahrt. Das Thema wird immer wieder politisiert. Daher ist das Schlachten in einigen Bundesländern auch gesetzlich verboten.

Trotzdem hat Indien eine florierende Lederwarenindustrie. Rindfleisch ist für Muslime oder Christen erhältlich. Die Tiere werden aus
Bundesstaaten wie beispielsweise Kerala exportiert, wo es keine Gesetze
gegen das Schlachten gibt.

Was das Konsumverhalten der Inder angeht, ist die Mischung aus
Tradition und Moderne eine Herausforderung für die ausländische
Nahrungsmittelindustrie. McDonalds bietet inzwischen vegetarisches
Essen an, beispielsweise in Form von traditionellen »aaloo tikki« (eine
Art Kartoffelpuffer) und Hähnchen statt Rindfleisch.

■ Der Punkt auf der Stirn

Der Punkt auf der Stirn stammt aus der Hindu-Religion und hat eine
jahrtausendealte Geschichte. Es wird vermutet, dass sich die Ureinwoh-
ner Indiens zu Ehren der Muttergöttin etwas Erde auf die Stirn getupft
haben. Die Mitte der Stirn, wo der Hindugott Shiva sein drittes Auge
hat, wird als Knotenpunkt (Chakra) für die geistigen Kräfte bezeichnet.
Daher gibt es am Tempeleingang für Besucher eine Schale mit rotem
Pulver, das man auf die Stirn tupft. Männer, die ständig ein solches Zeichen tragen, bekennen sich zu ihrem Hinduismus. Bei Frauen dagegen
ist es eher etwas Dekoratives und passt zu traditioneller indischer Kleidung. Daher gibt es »Bindis« in allen Farben und Formen, passend zum
Anlass und zur Farbe der Kleidung.

■ Kein Widerspruch: Tradition und Moderne in Indien

Inder trennen die neue Welt der Fortschritte nicht von ihren alten Traditionen, sondern suchen die Synthese. Büroangestellte haben Hindu-Götterbilder als Bildschirmschoner und verrichten ihre Gebetsrituale per Mausklick. Horoskope können über Computer bestellt werden. Es ist üblich, wichtige Termine wie Vertragsunterzeichnungen auf »günstige« Zeitpunkte, die von einem Astrologen bestimmt werden, zu legen. Die Bereitschaft der Inder, Tradition mit Modernität zu verbinden, kann auch zu Überraschungen führen, wenn der scheinbar »westliche« Inder unerwartet seinen persönlichen »Guru« konsultieren will, bevor er eine Entscheidung trifft. Statistisch gesehen ist es auch sehr wahrscheinlich, dass er eine arrangierte Ehe eingegangen ist oder eingehen wird.

Tipp: Es empfiehlt sich, bei Großprojekten mit Beteiligung vieler Inder einen »günstigen« Anfangstermin mit Hilfe eines einheimischen Kollegen festzulegen.

■ Das Kastensystem früher und heute

Traditionell existieren in Indien vier große Kasten, auch »Varna« genannt, und eine fünfte Gruppe, die Kastenlosen. Die Kasten sind in den Veden, den heiligen Schriften Indiens, in Form eines von Kopf bis Fuß dargestellten Urmenschen beschrieben. Ganz oben, also am Kopf, stehen die Brahmanen. Zu ihnen zählen Priester, Gelehrte und Wissenschaftler. Es folgt, an den Armen, die Kaste der Kshatriya, zu ihnen gehören Krieger, Könige, Prinzen und höhere Beamte. Weiter unten, auf Ebene der Schenkel, kommen die Vaishya: Händler, Landwirte, Kaufleute. Im unteren Bereich an den Füßen stehen die Shudra, Knechte und Dienstleister. Ganz unten, unterhalb der Füße, folgen die Dalits oder die Unberührbaren, die keiner Kaste angehören. Die Brahmanen gelten als die reinste der Kasten. Traditionell vermeiden sie es, mit einem Menschen aus einer niedrigeren Kaste zu essen oder ihn auch nur anzufassen. Innerhalb der einzelnen Kasten existiert eine Vielzahl weiterer Kasten, oft »Jati« genannt, die vor allem von der Familien- und Berufszugehörigkeit gekennzeichnet sind.

Wegen dieses Abbilds haben die Füße eine Sonderstellung in Indien: Es gilt als Zeichen höchsten Respekts, die Füße eines hierarchisch höher Gestellten oder Älteren mit den Händen oder sogar mit dem Kopf zu berühren und sich dabei niederzuknien. Es ist ein Symbol dafür, dass der hierarchisch weiter unten Stehende seine Bereitschaft signalisiert, sogar das Schmutzigste des Anderen, nämlich buchstäblich »den Dreck an den Füßen« zu berühren. Wenn man versehentlich jemanden oder ein wertvolles Objekt, wie ein Buch, mit den Füßen berührt, ist eine rituelle Handbewegung zum Kopf, den Augen als Zeichen der Entschuldigung erforderlich.

Der Begriff »Varna« für Kaste ist Sanskrit und bedeutet wörtlich »Farbe«. Historiker nehmen an, dass damit innerhalb des Kastensystems die Hautfarbe gemeint war. Je höher die Kaste war, der jemand angehörte, desto heller war seine Haut. Darin spiegelte sich die Rassenzugehörigkeit verschiedener Einwanderer- bzw. Eroberwellen wider. Ursprünglich wurde jede Kaste mit einer Farbe in Verbindung gebracht, beispielsweise Weiß mit den Brahmanen, Rot mit den Kshatriyas. Diese Farben wurden wiederum mit bestimmten Eigenschaften und Wertigkeiten verknüpft (Weiß für Reinheit, Rot für Leidenschaft und Kraft). Daher wird Varna auch als eine ideologische Ebene des Kastensystems interpretiert, da es eine Legitimation für die gesellschaftliche Hierarchie bietet.

Offiziell ist das Kastensystem heute in Indien abgeschafft. Damit hat der Einfluss der Kasten auf das gesellschaftliche Leben abgenommen. Es ist inzwischen möglich, dass ein Unberührbarer (»Dalit«) ein hohes Amt innehat.

Bekannte aktuelle Beispiele sind der ehemalige Staatspräsident Kocheril Raman Narayanan (1997–2002) oder Konakuppakatil Balakrishnan, Vorsitzender des Obersten Gerichtshofs. In den Metropolen des Landes und in modernen Großunternehmen sind die Kastenunterschiede immer weniger spürbar. Allerdings existiert das Kastendenken in den Köpfen der Menschen weiter, vor allem, wenn es ums Heiraten geht, und besonders in den Dörfern. Nach dem Tsunami 2004 hatten ausländische Hilfsorganisationen in den Dörfern des südindischen

Abbildung 5: Plakat mit Bildnis des Rechtsanwalts, Politikers und Dalit-Führers Bhimrao Ramji Ambedkar (1891–1956), Mumbai, Maharashtra, August 2008 (© Jörg Böthling)

Bundesstaates Tamil Nadu Brunnen zur Trinkwasserversorgung der Bevölkerung gegraben. Doch die Dorfbewohner verweigerten den Unberührbaren den Zugang zum Trinkwasser, weil sie Angst hatten, die Kastenlosen könnten das frische Wasser »verunreinigen«. So mussten außerhalb der Dörfer eigene Brunnen für die Kastenlosen gegraben werden.

Staatliche Unternehmen müssen in Indien ihre Mitarbeiter nach einer bestimmten Quote bezüglich der Zugehörigkeit zu Religion und Kaste einstellen. Ob dies auch für private Unternehmen gelten sollte, wird immer wieder diskutiert. Auch an Universitäten gibt es diesbezüglich eine Quotenregelung. Innerhalb der indischen Bevölkerung stößt die Quotenregelung teilweise auf großen Unmut: Angehörige höherer Kasten fühlen sich beispielsweise beim Zugang zu Universitäten diskriminiert und verlangen Quoten auf der Basis von sozialer Benachteiligung.

Religion und Kaste bestimmten in Indien früher auch die Berufswahl. Die Moslems waren traditionell Handwerker, etwa Schreiner oder Gerber. Sie haben früher traditionell die Jobs angenommen, die die Hindus nicht gern ausübten. Die Hindus, besonders die Brahmanen, verzichteten am liebsten auf Berufe, bei denen sie sich die Hände im wahrsten Sinne des Wortes schmutzig machen. Die Christen dagegen waren in den Küstengegenden traditionell oft Fischer. Auch Berufe, die die Hindus traditionell selten ausübten, wie die Krankenpflege, wurden oft von Christen übernommen. Die Jains sind aus Tradition Händler, so ist beispielsweise der Diamantenhandel in Antwerpen größtenteils in der Hand von Jains. Die meisten Sikhs sind Unternehmer oder in der Landwirtschaft tätig, arbeiten als Soldaten beim Militär oder als Polizisten. Besucher Indiens kennen sie häufig als Taxifahrer.

Trotzdem gibt es Bereiche, in denen auch traditionell die Grenzen fließend waren. In der klassischen Musik beispielsweise gibt es eine Reihe von bekannten Muslimen wie Amjad Ali Khan. Hindu-Götterfiguren werden oft von muslimischen Kunsthandwerkern geschnitzt und die traditionsreichen Seidenweber von Varanasi – der heiligen Stadt der Hindus – sind Muslime.

Ausländern gegenüber wird in Indien gern behauptet, dass die Kasten inzwischen völlig irrelevant geworden seien und in wenigen Jahren verschwunden sein werden. Dies stimmt allerdings nur bedingt. Im Zuge des wirtschaftlichen Aufschwungs ist eine neue Klasse von Wohlhabenden entstanden, die sich durch ihren schnellen materiellen Erfolg tatsächlich einen Platz außerhalb des Kastenrasters geschaffen hat.

Trotzdem ist das Bewusstsein für die eigene Kaste im modernen, urbanen Indien nach wie vor vorhanden. Aus indischer Perspektive ist die Kaste mehr als nur eine gesellschaftliche Struktur. Die Identität des Inders ist eng verknüpft mit seinem Familienhintergrund und der sozialen Schicht, der er angehört. Da diese wiederum teils kastenabhängig ist, liegen Identität und Kaste dicht beieinander. Die Kaste beeinflusst vieles im Leben eines Inders – etwa seine Essgewohnheiten, Werte, Glaubenspraktiken, die Dialektvariante oder die Auswahl eines Ehepartners. Es ist kein Zufall, dass die Alphabetisierungsrate bei Brahmanen (84 %) fast doppelt so hoch ist wie im gesamten übrigen Indien. Die Ambitionen der Familie sind oft eng mit dem traditionellen Beruf der Kaste verbunden, auch wenn der moderne Inder seinen Kindern die bestmögliche akademische Ausbildung zukommen lassen will. Zwei ak-

tuelle Beispiele sind Lakshmi Mittal von Mittal Steel (dem weltweit
größten Stahlunternehmen) und Nagavara Ramarao Narayana Murthy
von Infosys (Software). Mittal stammt aus einer Händlerkaste, die sich
seit Generationen mit Kaufen und Verkaufen beschäftigt. Narayana
Murthy stammt aus einer Brahmanenfamilie. Bei beiden sind Tätig-
keitsgebiet und ursprüngliche Kaste eng verknüpft.

Interessanterweise weiß jeder Inder, aus welcher Kaste jeder stammt.
Dies zeigt, wie allgegenwärtig – wenn auch im Hintergrund – das Kastendenken noch heute ist. Abgesehen davon ist der Einfluss der Kasten
am ehesten in der Politik sichtbar. Besonders auf dem Lande wird nach
Kastenloyalitäten gewählt. Die Parteien versuchen, dies im Wahlkampf
einzusetzen. Neuerdings gibt es früher undenkbare Konstellationen wie
beispielsweise im Bundesstaat Bihar, wo seit 2007 eine Koalitionsregie-
rung aus Brahmanen und Dalits unter der Führung der Dalitfrau Ma-
yawati an der Macht ist.

Antworten auf *häufig gestellte Fragen* zum Thema Kaste:

— Die Kaste wird nicht im Personalausweis oder Pass eingetragen. Sie
    wird amtlich erst dann relevant, wenn man sich um einen Quoten-
    platz beim Studium oder im öffentlichen Dienst bewirbt.

— Nicht jeder, der Macht oder Reichtum besitzt, kommt aus der »obers-
    ten« Kaste. In der Politik ist eher das Gegenteil der Fall, weil die »un-
    teren« Kasten zahlenmäßig überlegen sind. Künstler, Schauspieler
    und heilige Männer lebten schon immer außerhalb der traditionellen
    Kastenordnung.

— Verteilung, aber auch Bedeutung von Kasten sind regional unter-
    schiedlich. In Kerala liegt der Anteil von Brahmanen bei einem Pro-
    zent, in Uttarakhand dagegen bei 20 Prozent. In Rajasthan hat die
    Kriegerkaste ein höheres Ansehen als in Tamil Nadu.

— Obwohl das Kastensystem nur im Hinduismus vorkommt, hat es
    Auswirkungen auf andere Religionen. Christen (insbesondere Ka-
    tholiken) definieren sich in Indien oft über ihre ursprüngliche Kaste.
    Jains besitzen ihr eigenes Kastensystem, die Digambara-Jains unter-
    scheiden 87 Kasten und Subkasten. Muslime haben eine Klassifizie-
    rung, die kastenähnliche Züge trägt.

— Bei Kindern von Eltern aus verschiedenen Kasten (immer noch selten
    der Fall) gilt die Kaste des Vaters.

– Unter Indern gilt es als unhöflich, direkt nach der Kaste zu fragen. Innerhalb eines Gesprächs gibt es Mittel und Wege, das in Erfahrung zu bringen. Diese Möglichkeit hat der Ausländer jedoch nicht.
– In großen Metropolen wie Mumbai oder Bangalore spielt die soziale Stellung eine viel größere Rolle als die Ursprungskaste.

> Tipp: Für Ausländer ist es immer ratsam, einen Einheimischen bei der Zusammenstellung eines Teams mit einzubeziehen.

■ Arrangierte Hochzeiten

Heiraten ist ein wichtiges Thema in Indien. Ab einem bestimmten Alter (ca. Mitte zwanzig) wird es zentral für die Lebensplanung. Hochzeiten werden im aufwändigen Stil gefeiert: Eine »kleine« Hochzeit bedeutet circa 400 Gäste, bei einer mittleren kann man mit etwa 1000 Gästen rechnen. Die »Hochzeitsindustrie« ist ein Geschäftszweig mit einem Wert von über 40 Milliarden US-Dollar pro Jahr.

Während der »Heiratssaison« (astrologisch festgelegt) sind Hochzeiten eine Art Freizeitbeschäftigung. Daher ist die Wahrscheinlichkeit hoch, dass Ausländer während ihrer Zeit in Indien entweder zu einer Hochzeit eingeladen werden oder jemanden begleiten dürfen. (Eine Einladung gilt für »family and friends«.) Eine indische Hochzeit ist reich an Prunk und Tradition.

Die Teilnahme ist nicht nur ein interessantes Erlebnis, sondern auch ein Zeichen der Wertschätzung dem indischen Kollegen gegenüber.

Sie ist außerdem eine kostspielige Angelegenheit für den Brautvater, aber da junge Inder inzwischen viel mehr als ihre Eltern verdienen, beteiligen sie sich mittlerweile an den Kosten, wenn die Eltern es zulassen.

»Arranged marriage« ist am besten mit Vernunftehe zu übersetzen und ist nicht mit »Zwangsehe« gleichzusetzen, obwohl die Trennlinie in konservativen Kreisen fließend ist. Kurios für den Ausländer ist die Tatsache, dass sich junge, urbane Inder mit westlicher Ausbildung für eine arrangierte Ehe entscheiden, bei der die Eltern mit Hilfe des erweiterten Netzwerks oder verschiedener Internetportale eine(n) geeignete(n) Partner(in) aussuchen. Eine Vorauswahl von potenziellen Partnern

wird getroffen – teilweise per Videofilm – und die endgültige Entscheidung von den Heiratswilligen nach einigen persönlichen Treffen (unter
Aufsicht) gefällt. Die Horoskope des zukünftigen Paares spielen im Vorfeld eine wichtige Rolle. Bei mangelnder gegenseitiger Sympathie haben
sie auch eine Alibifunktion.

Aus indischer Perspektive gibt es folgende Argumente für diese Vorgehensweise:

– Heiraten ist eine ernste Angelegenheit – schließlich soll die Ehe ja ein
  Leben lang halten – und gerade deswegen mit Augenmaß und Ver-
  nunft zu planen. Die romantische Liebe ist weniger geeignet, ist es
  doch nicht gewährleistet, dass sie von Dauer ist.
– Aufgrund ihrer Lebenserfahrung sind die Eltern besser geeignet, die
  Auswahl zu treffen.
– Je größer die Gemeinsamkeiten der Partner bezüglich Kaste, Familienhintergrund, Bildung und Grundwerten, desto höher die Wahrscheinlichkeit, dass die Ehe glücklich wird.

Diese Gemeinsamkeiten werden im Vorfeld geklärt, wie es in folgender
Heiratsanzeige aus der »Times of India« ersichtlich ist:

> Alliance invited for 26/177/MBA smart Agarwal boy, Sr. software engineer
> earning 6,5 Lakhs, settled in Bangalore, Father chief Engr. Seeks educated
> homely girl from cultured family.

■ Die Rolle der Frau

Die Stellung der Frau ist ein gutes Beispiel für die Widersprüchlichkeit
Indiens. Einerseits gibt es seit der Unabhängigkeit 1947 eine gelebte
Gleichstellung der Frau in der Politik (z. B. mit Indira Gandhi als Premierministerin von 1966–1977 und 1980–1984), aber andererseits sind
die Abtreibung von weiblichen Föten und häusliche Gewalt, die erst seit
kurzem als Straftat geahndet wird, auch im modernen Indien allgegenwärtig. Eine dynamische Frauenbewegung (die »Pink Sari Gang« ist besonders öffentlichkeitswirksam, Abbildung 6) sorgt dafür, dass Frauen
in keinem Gesetz übergangen werden.

Abbildung 6: Sampat Pal Devi, Führerin der Frauenbewegung »Gulabi Gang« (»Pink Sari Gang«), Banda, Uttar Pradesh, 2009 (© Jörg Böthling)

Trotzdem müssen Frauen für einen Sinnes- und Verhaltenswandel in der Gesellschaft weiter kämpfen. Es ist zwar gesetzeswidrig, Tests zur Geschlechterbestimmung von Ungeborenen durchzuführen, aber das Zahlenverhältnis von Frauen zu Männern in Bundesstaaten wie Haryana (927:1000) zeigt, dass Mädchen immer noch unerwünscht sind. Je nach Region, Religion, sozialer Schicht und Kaste leben Frauen in Indien auf unterschiedlichen Stufen der Entwicklung. Für ausgebildete Frauen aus den städtischen Mittelschichten bietet Indien viele Möglichkeiten, die Frauen aus ärmeren und ländlichen Gebieten verwehrt bleiben.

Das traditionelle Bild der indischen Frau bedient sich, auch in ländlichen Gebieten, zweier völlig gegensätzlicher Archetypen. Der erste ist die Rolle der liebenden, sich aufopfernden Mutter: Indien ist »Bharat Mata« (Mutter Indien), und die Kuh wird als fürsorgliches Muttertier verehrt. Der zweite ist die starke, mitunter dunkle Seite der weiblichen

Energie, personifiziert im Hinduismus durch die Göttin Kali/Durga, die besonders im Nordosten Indiens eine große Rolle spielt. Sie wird als furchterregende Bezwingerin von Dämonen dargestellt und gleichzeitig als Muttergöttin (»Kalima«) verehrt. Die vielen Frauen, die bei der maoistischen Naxaliten-Bewegung gegen den indischen Staat kämpfen, sehen sich als die Töchter Kalis. Wegen dieser starken Archetypen ist es für die traditionsbewusste Landbevölkerung denkbar, einer Frau die Stimme zu geben, auch wenn die eigene Ehefrau und die Töchter in der Familie keineswegs gleichgestellt sind.

Für Ausländer ist es nicht einfach, zu sehen, wie »modern« die urbane indische Kollegin ist. Sie ist genauso qualifiziert wie ihre männlichen Kollegen, kleidet sich aber gern traditionell. Wenn sie jung und unverheiratet ist, lebt sie noch bei den Eltern und ist vielen Zwängen unterworfen. Sie wird mit zunehmendem Alter an Selbstsicherheit gewinnen.

Im Geschäftsleben haben Frauen mittleren Alters als Führungskräfte keine Akzeptanzprobleme, auch wenn der Weg nach oben sicherlich schwierig ist. Nicht wenige Frauen haben einflussreiche Posten an der Firmenspitze inne: Kiren Mazumdar Shaw, Gründerin der Biotechnologiefirma Biocon, oder Priya Paul, Chefin der Park-Hotel-Kette, sind nur zwei Beispiele. In der urbanen Mittelschicht ist die Zusammenarbeit mit Frauen mittlerweile zur Routine geworden, auch wenn man dazu neigt, die Freizeit in getrennten Gruppen zu verbringen. Man darf also nicht überrascht sein, wenn Frauen im Geschäftsleben selbstbewusst auftreten und klar kommunizieren.

Frauen ohne Bildung verrichten harte körperliche Arbeit auf Baustellen und Ähnliches, um ihre Familien durchzubringen. Laut »India Today« waren im Jahr 2005 ein Viertel der Absolventen in technischen Studiengängen und die Hälfte der Mediziner weiblich. Diese Zahl steigt stetig und ist ein Anzeichen dafür, dass Eltern inzwischen den Stellenwert von Bildung auch für ihre Töchter entdeckt haben. Allerdings ist die Einschulungsrate von Mädchen trotz Schulpflicht immer noch geringer als die von Jungen. Das ist die Widersprüchlichkeit Indiens.

◾ Kapitel 3: Wie denken Inder und Deutsche übereinander und über sich selbst?

◾ Indienbild und Deutschlandbild: Geschichtliches

◾ Das Indienbild aus deutscher Perspektive

Schon früh zeigten Deutsche ein großes Interesse an der Sprache und der Kultur des alten Indien. Das reicht bis ins Jahr 1483 zurück, als Eberhard Graf von Württemberg die Fabelsammlung »Panchatantra« aus dem Lateinischen ins Deutsche übertragen ließ. Der Mythos Indien kommt im »Parzival« von Wolfram von Eschenbach vor, in dem der Held einige Abenteuer in Indien besteht.

Eine intensive Auseinandersetzung mit der indischen Kultur begann erst ab dem 18. Jahrhundert, was sich etwa im Buch des Philosophen Friedrich Schlegel »Die Sprache und Weisheit der Inder« (1808) zeigt. Schlegel hatte einerseits aus philosophischem Interesse Sanskrit studiert, andererseits glaubte er aber auch, dass diese Sprache die älteste der Welt sei, in der Gott am unmittelbarsten zu den Menschen gesprochen habe. Deutsche Gelehrte wie Hegel, Heine, Schopenhauer oder Hermann Hesse waren fasziniert vom Gedankengut Indiens. Bis heute ist der Name Max Müller, ein deutscher Indologe, der im 19. Jahrhundert in Oxford lehrte, in ganz Indien bekannt. Max Müller war ein Bundesgenosse der indischen Nationalisten, auf den diese sich im Kampf der alten indischen Kultur gegen die Kolonialherren berufen konnten. Viele Jahre hießen die Goethe-Institute in Indien Max Mueller Bhavan (Haus von Max Müller).

Nicht nur die kulturellen Beziehungen zwischen beiden Ländern wurden früh geknüpft, auch diplomatische Kontakte bestanden bereits zur Zeit der britischen Kolonialherrschaft: Schon 1844 eröffneten die Hansestädte Bremen und Hamburg in Bombay und Kalkutta Konsulate. Später war das Deutsche Reich in Indien vertreten. Der Erste Weltkrieg unterbrach die diplomatischen Beziehungen zwischen beiden Ländern. Stattdessen versuchte Kaiser Wilhelm II. vergeblich, durch die Unterstützung einer Exilregierung die Stellung der Briten in Indien zu erschüttern. Als Deutschland schließlich 1924 wieder Anschluss an die Weltwirtschaft fand, wurden die deutschen Generalkonsulate in Delhi und Kalkutta neu eröffnet, sie dienten hauptsächlich den deutschen Handelsinteressen in Indien. Der Zweite Weltkrieg bedeutete wiederum einen Rückschlag für die diplomatischen Beziehungen. Viele in Britisch-Indien tätige Deutsche wurden während des Krieges interniert. Nach 1945 dauerte es einige Zeit, bis die diplomatischen Beziehungen mit dem inzwischen unabhängigen Indien wieder aufgenommen wurden, da die staatliche Souveränität Deutschlands noch eingeschränkt war. 1953 schließlich gehörte Indien zu den ersten Ländern, die die Bundesrepublik Deutschland anerkannten. Unmittelbar danach intensivierten sich die Handels- und Wirtschaftsbeziehungen zwischen beiden Ländern und ein stetiger wissenschaftlicher Austausch fand statt.

◼ Das Deutschlandbild aus indischer Perspektive

Die intellektuelle Neugier und das Interesse an Deutschland waren in Indien nicht so ausgeprägt wie umgekehrt. Trotzdem haben einige deutsche Schriftsteller und Philosophen im indischen Gedankengut Spuren hinterlassen. So hat Bertolt Brecht maßgeblich die moderne Hindi-Literatur beeinflusst, Rilke die bengalische Dichtung. Der indische Schriftsteller Amitav Ghosh behauptet, kein anderer europäischer Poet habe einen größeren Einfluss auf die bengalische Dichtung gehabt als Rilke. Philosophen wie Karl Marx und Friedrich Nietzsche haben eine Reihe indischer Gelehrter inspiriert.

Die ersten dokumentierten Handelsbeziehungen mit Deutschland reichen zurück bis ins Jahr 1505, als die Augsburger Familie der Fugger

Schiffsreisen nach Goa finanzierte. Anders als bei den Franzosen, Engländern und Portugiesen hinterließen diese Kontakte keine heute noch erkennbaren Spuren. Deutsche, die im 17. und 18. Jahrhundert nach Indien kamen, waren in der Regel Missionare. Darunter waren Heinrich Roth, ein deutscher Jesuit, der als erster Europäer eine Grammatik des Sanskrits schrieb, und Hermann Gundert, der Großvater von Hermann Hesse. Gundert verbrachte viele Jahre in Südindien und veröffentlichte 1851 die Grammatik und ein Wörterbuch der Malayalam-Sprache Keralas. In Kerala ist sein Name heute noch ein Begriff. Ein weiterer, eher zufällig bekannt gewordener Name ist der des Missionars Christian Friedrich Schwartz, weil der beliebte ehemalige Präsident Indiens, Dr. Abdul Kalam (2002–2007), die nach ihm benannte Schwartz High School besuchte.

Deutschen, die bislang überwiegend in der westlichen Welt unterwegs waren, erscheint das indische Bild des sogenannten Dritten Reichs befremdlich. Carsten Diercks, deutscher Entwicklungshelfer, erzählt, wie er beim Aufbau des staatlichen indischen Fernsehens in den 1960er Jahren vom damaligen Staatssekretär im Außenministerium freundlich mit »Heil Hitler« empfangen wurde. »Er sagte mir, dass er ein großer Bewunderer Deutschlands sei [...] [und] stellte mir seinen Sohn vor, den er Adolf getauft hatte. Und als wäre das nicht genug, erzählte Mr. Verma, dass er der festen Überzeugung sei, dass sein Sohn die Wiedergeburt Heinrich Himmlers sei« (zit. nach www.filmmuseum-hamburg.de/diercks_doordarshan. html).

Auch wenn diese spezielle Bewunderung nicht alle Inder teilen, erscheint Deutschlands Geschichte in Indien durchaus in positivem Licht. Nicht zuletzt, weil Deutschland im Zweiten Weltkrieg Gegner der Kolonialmacht England war, waren einige indische Nationalisten Hitler gegenüber wohlgesonnen. So nahm etwa der indische Freiheitskämpfer Subash Chandra Bose im Alleingang Kontakt mit Nazi-Deutschland auf, wo er das »Zentrale freie Indien« und eine Radiostation errichten durfte. Diese Einstellung ist heute noch bei der älteren Generation anzutreffen. Hinzu kommt, dass das Hakenkreuz (»Swastik« genannt) auch im Hinduismus in etwas anderer Form als Glückssymbol existiert und dass viele Inder sich selbst als Nachkommen »arischer« Volksstämme bezeichnen. Dadurch entstand für viele Inder, die ein unvollständi-

ges Bild von der Nazi-Zeit hatten, der Eindruck, es gäbe Gemeinsamkeiten in den Denkweisen.

Das aus heutiger Sicht relevante Deutschlandbild entstand erst Ende
des 19. Jahrhunderts. Zu der Zeit importierte Britisch-Indien den meisten Stahl aus England, aber bereits zehn bis zwanzig Jahre später wurde
Belgien der größte Stahllieferant, dicht gefolgt von Deutschland. Nach
dem Ersten Weltkrieg waren deutsche Stahlwaren wie Messer und Sche-
ren in Indien als Qualitätsware geschätzt. Seit dieser Zeit gibt es in
Indien die Vorstellung von Deutschland als einer Industrienation, und
für die junge, urbanisierte Generation haben deutsche Luxusautos und
der Rennfahrer Michael Schumacher das Bild nur abgerundet. Nach
angloamerikanischem Vorbild verbindet die urbane Mittelschicht mit
Deutschland außerdem den Schwarzwald und seine Kuckucksuhren,
deutsches Bier und das Oktoberfest, Schokolade, Brot und Torten.
Durch die englischsprachigen Sendungen der »Deutschen Welle« sind
einige Inder über Deutschland sehr gut informiert.

◾ Inder und Deutsche: Gegenseitige Wahrnehmung

◾ Wie Inder deutsche Geschäftspartner und Kollegen wahrnehmen

> »Ich wäre gern ein Deutscher bei der Arbeit
> und ein Inder im Privatleben.«
> Herr Ravindran, indischer Fabrikleiter

Aufgrund der deutsch-indischen Zusammenarbeit in der globalen
Marktwirtschaft können Inder sich heute ein eigenes unmittelbares
Bild von Deutschen und Deutschland machen. Sie nehmen Deutsche
als recht homogen wahr, sowohl in ihrer Lebensweise als auch in ih-
rem Verhalten. Bei Umfragen unter Indern, die sich aus geschäftlichen
Gründen sechs bis zwölf Monate in Deutschland aufhielten, ergaben
sich die in Tabelle 5 aufgeführten Hauptmerkmale der Wahrnehmung
Deutscher.

Die Beobachtungen sind für unser Thema aus zwei Gründen von Interesse:

- Die Fremdwahrnehmung fokussiert hauptsächlich auf Merkmale, die sich von den eigenen (in diesem Fall den indischen) unterscheiden. Dadurch spiegelt sie auch das eigene (indische) Denkmuster wider.
- Im Arbeitsleben werden die Deutschen bewundert wegen des Organisationstalents, ihres Arbeitswillens, ihrer Expertise und Zielorientierung. Im sozialen Miteinander schneiden Deutsche weniger gut ab.

Tabelle 5: Inder über Deutsche

Beschreibung (Deutsche sind . . .,)	Begründung (weil . . .)
diszipliniert, zielorientiert	Regeln werden beachtet konsequente Arbeitsweise mit wenig Teepausen etc. Arbeit um der Arbeit willen
sachorientiert, rational	wenig Smalltalk kein Interesse am Kollegen als Mensch benutzen nur Sachargumente Eigentumspflege wichtiger als Beziehungspflege: Autos, Häuser in exzellentem Zustand
zeitorientiert	pünktlich (sogar öffentliche Verkehrsmittel) Termine werden fast immer eingehalten Freizeit und Arbeit werden konsequent getrennt Kalender für alles, sogar für die Freizeit geregelte Ruhezeiten
sauber, ordentlich	Mülltrennung großes Reinigungsmittelangebot guter Zustand von Straßen, Parks etc. Putzen in der Öffentlichkeit üblich
direkt, ehrlich	sagen genau, was sie denken halten ihr Wort kritisieren geradeheraus vertragstreu öffentliche Sicherheit hoch scheuen den Konflikt nicht

Beschreibung (Deutsche sind ...„)	Begründung (weil ...)
individualistisch	wenig Familiensinn: Kinder ziehen früh aus, Altenheime für die Großeltern wenig Kontakt zu Kollegen Singles leben bevorzugt allein statt in Wohngemeinschaften getrennte Rechnungen im Lokal wenig Freunde, kleine Feste bieten von sich aus keine Hilfe an können frei entscheiden
gleichheitsliebend	keine Angst vor Vorgesetzten Ansehen aller Berufe ähnlich auch Akademiker putzen und basteln Karrierebewusstsein nicht ausgeprägt alle werden gegrüßt, ungeachtet des Status Kleidung und Verhalten reflektieren Status nicht
gut organisiert	planen viel im Voraus (auch Freizeit) Infrastruktur exzellent und zuverlässig
zielorientiert	Abläufe vorgegeben und berechenbar (bei Ämtern und am Arbeitsplatz) arbeiten systematisch und seriell mögen keine Überraschungen oder Unterbrechungen
Experten	umfassendes Wissen bleiben viele Jahre beim selben Arbeitgeber eher Spezialisten als Generalisten
freizeitorientiert	Langzeitplanung bezüglich des Urlaubs Urlaub ist heilig: kann nicht verschoben oder unterbrochen werden kurze Arbeitszeiten, viele Urlaubstage Urlaub, Reisen häufiges Gesprächsthema gutes Gleichgewicht zwischen Privat- und Arbeitsleben (»work-life balance«)

Das Reibungspotenzial aus indischer Sicht ist zum Teil mit den deutschen »Tugenden« eng verknüpft (Tabelle 6).

Tabelle 6: Konfliktpunkte

Sachlichkeit der Geschäftskommunikation	kühl und distanziert
Ehrlichkeit	undiplomatisch, verletzend
Planungsliebe	mangelnde Flexibilität
Unterdrückung von Kreativität	wenig Verständnis für Unvorhergesehenes
Zeitorientierung	Termine wichtiger als Menschen es ist möglich, »Ich habe keine Zeit« zu sagen

Nach typisch indischen Eigenschaften befragt, beschreiben Inder im Berufsalltag sich selbst im Vergleich zu den Deutschen wie folgt:
– menschen- und familienorientiert,
– positiv denkend,
– flexibel und improvisationsfreudig,
– spontan,
– kommunikativ,
– traditionsbewusst,
– weniger strukturiert,
– stressresistent.

Zusammenfassend kann man sagen, dass die deutsche Sachorientierung und der damit verbundenen Kommunikationsstil von der indischen Seite als wesentlichste Differenz in der Zusammenarbeit wahrgenommen werden. Sie bergen ein gewisses Konfliktpotenzial in sich.

■ Wie die Deutschen indische Geschäftspartner und Kollegen wahrnehmen

In Tabelle 7 wird zusammengefasst, wie Deutsche indische Geschäftspartner und Kollegen wahrnehmen.

Zusammenfassend ist hier auch ersichtlich, dass die Beziehungsorientierung und der damit verbundene Kommunikationsstil der Inder Deutschen vorrangig auffällt. Durch eine Betrachtung der indischen Kulturstandards in Kapitel 4 wird die indische Sichtweise transparenter.

Tabelle 7: Deutsche über Inder

Beschreibung (Inder sind, ...)	Begründung (weil ...)
harmoniebedürftig	freundliches Arbeitsklima Unterstützungsbereitschaft
indirekt	Konflikte werden nicht direkt angesprochen »Nein« wird vermieden, »Ja« ist mit Vorsicht zu genießen Probleme werden ungern (oder sehr spät) gemeldet Aussagen nicht immer zuverlässig
beziehungsorientiert	persönliche Beziehungen sind wichtig persönlicher Bezug zum Chef ist ein wichtiger Orientierungsrahmen Netzwerke sind entscheidend für das Funktionieren von Arbeitsbeziehungen Kunden- und Serviceorientierung es passiert viel über informelle Kontakte
prozessorientiert	das Formelle (bspw. Formulare) ist sehr wichtig
familienorientiert	Familie geht vor Beruf bei Auslandsaufenthalt kommt viel indischer Besuch

Beschreibung (Inder sind, ...)	Begründung (weil ...)
hierarchieorientiert	hohe Erwartung an den Chef Chef tritt als Autorität, Respektsperson und Vorbild auf Verhalten des Chefs wird genau beobachtet Erwartungshaltung: »Ein Chef kommt früh, geht spät und weiß alles«, »Der Chef ist ein strenger, aber gütiger Vater« Chef sollte sich um die Mitarbeiter kümmern, auch privat Chef sollte unmittelbar physisch präsent sein mit dem Chef wird nicht diskutiert
unorganisiert	Arbeit und Ergebnisse müssen ständig überwacht werden Termineinhaltung oft schwierig »chaotische« Vorgehensweise
langatmig	es dauert lange, bis es zu Geschäftsabschlüssen kommt es wird viel um den heißen Brei herumgeredet Salamitaktik (bei Verhandlungen)
unklare Kompetenzstrukturen	Zuständigkeit unklar, besonders bei Behörden
bürokratisch	viel Zeit für Behördengänge erforderlich, insbesondere bei Firmenneugründungen bürokratische Prozesse wenig transparent
unselbstständig	Inder erwarten klare Anweisungen kaum Hinterfragen der Anweisungen stellen von sich aus kaum Verständnisfragen hoher Einarbeitungs- und Trainingsaufwand für Berufseinsteiger notwendig

Beschreibung (Inder sind, . . .)	Begründung (weil . . .)
emotional	reagieren emotional auf Kritik: kaum Trennung zwischen Sache und Person bei Festen kommt Stimmung auf, auch ohne Alkohol bei Verhandlungen, Krisensitzungen etc. werden Emotionen nicht ausgeblendet
gelassen	geraten nicht leicht in Hektik positive Einstellung: Glaube an Machbarkeit

▨ Inder über Inder: Regionale und ethnische Beurteilungskategorien

>»Alle waren der Ansicht, da ich aus dem Süden komme,
sei ich für den Posten des Kassenwarts am besten geeignet.«
Prema Seetharam, nach einer Vereinswahl in Neu-Delhi

Die Größe und Vielfalt des Subkontinents (→ Kapitel 1) führt dazu, dass Inder aus Gründen der Vereinfachung in regionalen und ethnischen Kategorien denken. Bei einer ersten Begegnung unter Indern gilt das primäre Interesse der Herkunft des Gegenübers – ist er/sie beispielsweise ein Punjabi oder Bengali? Meistens ist die Zugehörigkeit zu einer »Community« (Volksgruppe) am Namen erkennbar (→ Kapitel 9), aber das Aussehen und der Akzent sind auch Indizien dafür. Dabei wird gern stereotypisiert. Ein Satz wie »Sie sehen aus/Sie sehen nicht aus wie ein Punjabi/Bengali« fällt oft im ersten Gespräch und wird nicht als persönliche Bemerkung eingestuft. Jeder Volksgruppe werden bestimmte Eigenschaften, Werte und gar Fähigkeiten zugesprochen. Diese Wahrnehmung – auch Selbstwahrnehmung – ist so weit verbreitet, dass sie als ein Faktor bei der Auswahl von Mitarbeitern oder Geschäftspartnern mit einbezogen wird.

Es gibt zunächst die grobe Einteilung in Nord- und Südinder. Inder aus dem Norden sind eher groß und hellhäutig, im Wesen sollen sie offen, risikobereit, selbstbewusst und modern sein. Die schmächtigen, dunkleren Südinder werden als traditionsbewusst, zurückhaltend, intelligent und gebildet beschrieben. Ein indischer Personalleiter kann sich eher einen Nordinder im Verkauf und einen Südinder in der Forschung vorstellen. Da Entscheidungen in Indien nicht nur auf sachlicher Ebene getroffen werden, wird dieser Faktor durchaus bewusst berücksichtigt. Hinzu kommt, dass man die eigene Volksgruppe bei der Einstellung oder Beförderung oft bevorzugt. Es ist ein Grund dafür, dass junge Inder sich neutrale Namen zulegen, um eventuelle Hindernisse diesbezüglich aus dem Weg zu räumen. Hinzu kommt eine feinere, aber nicht weniger stereotypisierte, Einteilung in einzelne Volksgruppen. Eine Auswahl:

▪ Die Bengalis

Diese Volksgruppe, die in Westbengalen, aber auch im benachbarten Bangladesh beheimatet ist, ist besonders stolz auf ihren Ruf, viele Literaten, Intellektuelle und Künstler Indiens hervorgebracht zu haben. Bekannte Beispiele sind der Dichter und Nobelpreisträger Rabindranath Tagore oder der Filmemacher Satyajit Ray. Der Feingeist und das Temperament der Bengalen sind legendär. Westbengalen hat eine kommunistische Landesregierung und ist auch bekannt/berüchtigt für seine politischen und sozialen Aktivisten.

▪ Die Malayalis

Die Malayalis kommen aus dem Staat Kerala, den sie »God's own country« nennen. Sie gelten als besonders heimatverbunden, auch wenn sie wegen der Arbeitssuche viel außerhalb ihres Heimatorts, vor allem in den Arabischen Golfstaaten, anzutreffen sind. Malayalis werden als sanftmütig und bescheiden angesehen. Als einzigem Staat mit einer fast gleichmäßigen Verteilung von Hindus, Christen und Muslimen wird ihnen Friedfertigkeit zugesprochen. Bekannte Malayalis sind Prakash Karat, Generalsekretär der CPI(M) (Kommunistische Partei Indiens), oder Adi Shankara, der Hinduphilosoph aus dem 8. Jahrhundert.

■ Die Punjabis

Wie die Bengalis wurden auch die Punjabis durch die Teilung Indiens 1947 getrennt. Die meisten muslimischen Punjabis leben in Pakistan. In Indien selbst gehören sie entweder der Religionsgemeinschaft der Sikhs oder der Hindus an. Sie werden als zupackende, tatkräftige Menschen angesehen, die es auch verstehen, das Leben zu genießen. Bei Punjabi-Hochzeiten wird lebhaft getanzt, gesungen und gefeiert. Besonders bei den Sikhs stehen die sogenannten »männlichen« Werte wie Mut und Kraft im Vordergrund. Sikhs sind überproportional in den indischen Streitkräften oder unter Sportlern vertreten. Berühmte Punjabis sind die NASA-Astronautin Kalpana Chawla oder der gleichnamige Inhaber der Luxushotelkette Oberoi.

■ Die Gujaratis

Sie stammen aus dem Staat Gujarat, der auf eine jahrtausendealte Handelstradition zurückblicken kann. Auch diese Volksgruppe wurde durch die Teilung Indiens gespalten. Sie gelten als besonders geschäftstüchtig, aber weniger skrupellos als die Volksgruppe der Sindhis und Marwaris, die auch sogenannte »Business-Communities« bilden. Ein Großteil der nach Afrika, Nordamerika und Großbritannien emigrierten Gujaratis haben als selbstständige Kaufleute angefangen. Wie die anderen »Business-Communities« unterhalten sie ein engmaschiges Netzwerk, oft weltweit. Sie sind häufig strenge Vegetarier, besonders die Jains unter ihnen. Unter den bekannten Gujaratis sind Mahatma Gandhi und die erfolgreiche Industriellenfamilie der Ambanis zu finden.

■ Die Tamilen

Die Tamilen sind im Staat Tamil Nadu beheimatet, aber sie bilden auch eine Minderheitengruppe auf Sri Lanka. In den 1960er und 1980er Jahren führte ihr Stolz auf die eigene Sprache und alte Kultur zu heftigen Demonstrationen gegen die Einführung von Hindi als Nationalsprache. Tamilen, insbesondere die Brahmanen unter ihnen, gelten als Traditionalisten mit einem Hang zur Mathematik und den Naturwissenschaften. Der Schachgroßmeister Visvanathan Anand und die Wissenschaftler (und Nobelpreisträger) Venkatraman Ramakrishnan oder Chandrasekhara Venkata Raman sind Tamilen. Wie die Bewohner Keralas gelten sie als politisch interessiert.

> Tipp: Ein Gespräch über die regionale Herkunft des Gegenübers eignet sich gut als Smalltalk-Thema.

■ Im Ausland lebende Inder (»non-resident Indians«, NRI)

Die im Ausland lebenden Inder gehören einer besonderen Kategorie an. Die erste große Welle der Auswanderungen fand im 19. Jahrhundert mehr oder minder freiwillig statt, weil die Briten Arbeitskräfte für ihre Kolonien in Südafrika, Mauritius usw. brauchten. Die zweite große Auswanderungswelle startete in den 1960er Jahren, überwiegend in Richtung USA, wo heute über 1,6 Millionen Inder leben. Zu der Zeit war von einem »brain drain« (Abwanderung der Hochqualifizierten) die Rede. Die Anzahl indischer Auswanderer nach Deutschland ist eher gering. In den 1950er und 1960er Jahren kamen einige junge Inder zum Studium oder Praktikum in den deutschsprachigen Raum. In den 1970er Jahren wurden junge Krankenschwestern, überwiegend aus Kerala, eingestellt, um dem Pflegenotstand in deutschen Krankenhäusern entgegenzuwirken.

Mit der Abkürzung NRI sind die zahlenmäßig überlegenen Auslandsinder aus dem angloamerikanischen Raum und ihre Nachkommen gemeint. Fast jede Familie hat Verwandte im Ausland und ihre Auslandsdevisen spielen eine erhebliche Rolle für die indische Wirtschaft. Die Einstellung zu den NRI ist ambivalent: Einerseits werden die Errungenschaften der Auslandsinder mit Stolz verfolgt, auch von den indischen Medien, andererseits gelten sie als Angeber und Besserwisser. Ihnen wird gern Traditionsbruch oder gar Landesverrat vorgeworfen. Viele NRI sind inzwischen wegen des wirtschaftlichen Aufschwungs nach Indien zurückgekehrt. Diese Tatsache bereitet einheimischen Indern eine gewisse Genugtuung. Für westliche Firmen stellen NRI-Rückkehrer oft ein wertvolles Bindeglied zwischen der Firma und der einheimischen Belegschaft dar.

◼ Die indische Selbstwahrnehmung: Ein Ausblick

Bis zum wirtschaftlichen Wachstum der 1990er Jahre hatte man in Indien als Folge der Kolonialzeit ein Gefühl der Minderwertigkeit gegenüber der vermeintlich »fortschrittlichen« westlichen Welt. Man versuchte, diesem Gefühl durch die Erinnerung an die Errungenschaften Altindiens entgegenzuwirken. Das Wirtschaftswachstum und das damit verbundene Weltinteresse an Indien als Wirtschaftspartner haben zu einem Wandel geführt. Es ist ein neues Selbstbewusstsein entstanden, das sich auch international niederschlägt, beispielsweise in dem Anspruch auf einen Sitz im UN-Sicherheitsrat. Der Geschäftserfolg vieler indischer Unternehmen, beispielsweise die Übernahme des Luxuswagens Jaguar durch Tata Motors, hat dazu beigetragen, dass indische Geschäftsmodelle als konkurrenzfähig wahrgenommen werden. Manche Geschäftsstrategien aus dem Westen werden auch abgelehnt mit der klaren Begründung »This won't suit us«. Trotzdem sind Überbleibsel einer leicht defensiven Haltung geblieben, die zum Vorschein kommt, sobald von westlichen Ausländern Kritik an Indien geübt wird.

▰ Kapitel 4: Kulturstandards

Wer nach Indien fährt, spürt wie bereits erwähnt schnell, wie vielfältig und widersprüchlich das Land ist. Indien als Schmelztiegel verschiedener ethnischer Gruppen, Religionen und sozialer Schichten zu bezeichnen, würde dem Subkontinent nicht entsprechen, da die verschiedenen Gruppen nicht miteinander verschmelzen, sondern vielmehr nebeneinander existieren. Wie unmittelbar sich dies auf die Gesellschaft auswirkt, zeigt sich beispielsweise in der Gesetzgebung: So gilt beim Erbrecht ein Gesetz für Hindus, Buddhisten, Sikhs und Jains (Hindu Succession Act), eines für Muslime (Shariat Application Act) und eines für Christen (Christian Succession Act).

Dennoch gibt es in Indien gewisse Verhaltenstendenzen, so genannte Kulturstandards, die für das ganze Land gültig sind. Im Folgenden soll über indische Kulturstandards gesprochen werden, da sie – wenn man sie kennt – den Zugang zum Leben und zum Verhalten der Inder sehr erleichtern können. Der Definition nach sind Kulturstandards »die von den in einer Kultur lebenden Menschen untereinander geteilten und für verbindlich angesehenen Normen und Maßstäbe zu Ausführung und Beurteilung von Verhaltensweisen« (Thomas, Kinast u. Schroll-Machl, 2003, S. 25).

Die Kulturstandards sind lediglich als »Hilfsmittel« zu verstehen, die das Verständnis für Indien erleichtern sollen. Darüber hinaus darf man nicht vergessen, dass das Verhalten Einzelner von den allgemeinen Standards abweichen kann. Die Kulturstandards geben lediglich Auskunft über bestimmte Tendenzen, erheben aber keinen Anspruch auf Vollständigkeit. Kommt man als Deutscher nach Indien, kann man meist einige der Kulturstandards leichter nachvollziehen – andere dagegen sind schwerer zu verstehen oder stehen im Widerspruch zueinander.

Weil Indien an sich schon so multikulturell ist, wird nicht erwartet, dass alle Menschen gleiche Normen haben. Die Ausländer sind »anders«. Deswegen wird ihnen und ihrem Verhalten in Indien große Toleranz entgegengebracht, eine größere als Indern gegenüber, die im Ausland leben und auf Heimatbesuch kommen.

■ Religiosität und Traditionsbewusstsein

> Frage: Warum ist es in Indien so billig, Gott anzurufen?
> Antwort: Weil es ein Ortsgespräch ist.
> indischer Witz

Abbildung 7: Gläubiger bei einem spirituellen Ritual vor dem frühmorgendlichen Bad im Ganges, Varanasi, Uttar Pradesh, November 2008 (© Nina Papiorek)

Wie bereits in Kapitel 2 ausführlich beschrieben, sind Religion und Tradition zentrale Werte im Alltag, auch bei Indern mit westlicher Bildung.

■ Familienorientierung

> »Wenn einer von uns eine Arbeit hat,
> dann profitieren 25 Leute davon.«
> Narayan Dangi, Arbeiter in einer Zinkfabrik

Das Wichtigste im Leben eines Inders ist seine Familie. Dies wird schon beim Betrachten der Bezeichnungen für Verwandtschaftsgrade in indischen Sprachen deutlich: Diese sind in der Regel sehr präzise. So gibt es beispielsweise unterschiedliche Begriffe für »Onkel«, abhängig davon, ob es sich um den Onkel mütterlicherseits oder um den Onkel väterlicherseits handelt, ob er jünger ist als der Vater/die Mutter, ob er ein blutsverwandter oder ein angeheirateter Onkel ist.

Kinder in Indien lernen früh, dass sie von vielen geliebt und beschützt werden. Im Gegenzug besitzen sie aber auch eine Reihe von Verpflichtungen. Nicht nur die Ausbildung eines jungen Inders oder einer jungen Inderin, sondern auch die Partnerwahl wird im Familienrat beschlossen. Weiterhin ist es selbstverständlich, dass die verdienenden Geschwister zum Studium oder der Hochzeit der anderen finanziell beitragen und selbst oft erst dann heiraten, wenn keine derartigen finanziellen Verpflichtungen mehr bestehen. Wenn die Eltern nicht mehr für sich selbst sorgen können, ist traditionell der älteste Sohn für sie verantwortlich. Im heutigen Indien wird die Pflicht unter den Kindern aufgeteilt. Da es keine staatliche Versorgung gibt, wie etwa Arbeitslosengeld oder Krankengeld, springt in diesen Fällen die Großfamilie ein. Der Inhaber eines indischen Unternehmens, ob Ladenbesitzer oder Industrieller, besetzt Schlüsselpositionen in seiner Firma selbstverständlich mit Verwandten oder Vertrauten – eine Vorgehensweise, die in Deutschland meist kritisch als »Filz«, »Vetternwirtschaft« oder »Seilschaften« bezeichnet wird. Aus indischer Perspektive wird in Deutschland der Staat unverhältnismäßig oft für private Angelegenheiten verantwortlich gemacht, beispielsweise das Jugendamt.

Auch wenn immer weniger Inder mit ihren Großfamilien unter einem Dach leben, so bleibt ihr Einfluss im Alltag dennoch ungebrochen. Eine europäische Führungskraft muss damit rechnen, dass die Familie auch bei der Arbeit eine zentrale Rolle spielt. So wird etwa bei Bewerbungsgesprächen der Familienhintergrund abgefragt, um Informationen über die soziale Herkunft zu erhalten. Wenn ein Mitarbeiter im Dienst stirbt, ist es üblich, dass nicht nur die staatlichen Stellen, sondern auch Privatfirmen einem Familienmitglied eine Stelle anbieten.

Im Berufsleben erwartet man Verständnis von Vorgesetzten und Kollegen, wenn Inder wegen Krankheiten, Hochzeiten oder religiösen Anlässen (»pooja«) in der Familie fehlen. Diese Fehlzeiten sind jedoch auch mit anderen Faktoren verknüpft – wie dem Bildungsgrad des Arbeitnehmers und dem Wohnumfeld (Kleinstadt oder Großstadt). Bei einfachen Arbeitern oder Hausangestellten besonders in ländlichen Gebieten kommt unentschuldigtes Fehlen wegen Notfällen in der entfernteren Verwandtschaft eher vor, anders als beispielsweise bei einem Projektmanager in Mumbai.

Kurioserweise sind Inder trotzdem bereit, aus beruflichen Gründen den Wohnort zu wechseln. Auf dem Lande gibt es eine lange Tradition von Wanderarbeitern, und bei dem modernen Stadtinder werden die familiären Bande durch regelmäßige Besuche, Handy- und E-Mail-Kontakt gepflegt. Das hat zur Folge, dass Unternehmen klare Regelungen bezüglich Privatgesprächen am Arbeitsplatz erlassen müssen.

■ Beziehungsorientierung

Die Inder gestalten ihre Beziehungen am liebsten innerhalb der bereits vorhandenen eigenen Netzwerke. So haben nach einer Studie der Konrad-Adenauer-Stiftung (2008) 27 Prozent aller Personen unter 30 keine Freunde, die einer anderen Religion angehören. Die Großfamilie ist das Kernnetzwerk, Geflechte bestehend aus Kollegen, Nachbarn, Freunden, oft aus der eigenen Religions- oder ethnischen Gruppe, kommen hinzu. Die Menschen in den Netzwerken unterstützen und beschützen sich gegenseitig, dafür erwarten sie im Gegenzug von den anderen Hilfe und Loyalität. Inder fühlen sich wohl in Gruppen. Sie leben gern in Wohnsiedlungen (»colony« genannt). In vielen kleineren Städten gibt es sol-

che Wohnsiedlungen einzelner Firmen, wo Kollegen auch Nachbarn
und Freunde sind. Einige von diesen »colonys« verfügen auch über
Sport- und Freizeitangebote. In diesen Fällen ist es theoretisch möglich,
immer innerhalb desselben Netzwerks zu leben und zu arbeiten.

▓ Beziehungspflege

Wer gut in seinem Netzwerk aufgehoben sein will, muss entsprechend
Zeit in den Aufbau und die Pflege von Beziehungen investieren. Für
Unternehmer ist das besonders wichtig, weil Aufträge häufig über Beziehungen (»connections«) vergeben werden. Clubs im englischen Stil
(→ Kapitel 10) bieten ein Forum für diese Art von Kontakten. In Indien
sind Beziehungen unerlässlich, weil sie eine Art Garantie für die Ver-
trauenswürdigkeit des Partners darstellen. Vertrauen muss daher nicht
mühselig erarbeitet werden, sondern wird einem zeitsparend durch Verbindungen im Netzwerk fast automatisch entgegengebracht. Da diese
Beziehungen sowohl für den privaten als auch für den beruflichen Bereich gelten, werden die Familien mit eingebunden. Netzwerke bieten
den Indern einen geschützten gesellschaftlichen Raum für die Arbeit
und die Freizeit.

▓ Gastfreundschaft

Es gibt viele Wege, Beziehungen zu pflegen: Einer der wichtigsten ist die
Gastfreundschaft. Einladungen ins Restaurant, nach Hause oder zu Anlässen wie Hochzeiten werden gern ausgesprochen und angenommen,
um Wertschätzung zu zeigen. Für Inder gibt es keine Klassifizierungen
wie »Bekannte«, »Freund«, »Kollege«, »Vereinskamerad«. Wenn man
zum Netzwerk gehört, wird man als »friend« bezeichnet, darüber hinaus gibt es dann Unterschiede zwischen »family friend«, »college friend« oder »office friend«. Ein deutscher Expat, der seine Arbeit im Büro
erledigt und die Freizeit seiner Privatsphäre widmet, empfindet diese
Art der Gastfreundschaft manchmal als anstrengend.

■ Kommunikation

>Weitschweifigkeit ist uns Indern nicht fremd.
Wir reden wirklich gern.«
Amartya Sen, indischer Wirtschaftswissenschaftler
und Nobelpreisträger (1998)

Beziehungen werden vor allem durch Kommunikation aufrechterhalten. Da die Grenzen zwischen Privatleben und Beruf fließend sind, wird auch in der Arbeitsumgebung viel gesprochen. Ein Teil davon ist Smalltalk, gleichzeitig wird aber auch über berufliche Themen geredet.

In diesen Gesprächen erfahren Inder oft, an wen sie sich im beruflichen Umfeld bei Unklarheiten wenden können. Dies ist vor allem dann von Nutzen, wenn es darüber keine offiziellen Auskünfte gibt. Da in Indien Kommunikation vor allem zum Beziehungsaufbau und zur Beziehungspflege dient, wird unter Indern unter Umständen ausschweifender oder aus deutscher Sicht gar »grundlos« kommuniziert. Dabei werden Emotionen ausgelotet und möglichen Konflikten vorgebeugt. Man führt keine Gespräche, nur um an Fakten heranzukommen. Deutschen mag die in Indien für Kommunikation verwendete Zeit oft »nutzlos« erscheinen, sie ist es aber nicht, denn ein Ausländer, der sich die Mühe macht – und die Zeit aufbringt –, ein Teil der inoffiziellen Kommunikationsnetzwerke zu werden, bekommt auf diese Weise vielfach Informationen, die er auf dem offiziellen Weg nicht erhalten würde.

■ Emotionalität und Harmonie

»Satyamvada priyamvada.«
(Sprich die Wahrheit, sprich liebevoll.)
Sanskrit-Sprichwort

Wie bereits beschrieben, zieht sich Emotionalität durch alle Lebensbereiche in Indien. Es herrscht ein ganzheitlicher Ansatz: Weder im Berufs- noch im Privatleben werden Emotionen und Verstand konsequent getrennt. Emotionale Offenheit ist in Indien kein Zeichen von Unprofessionalität.

Bei dieser ausgeprägten Emotionalität funktioniert das Zusammenleben innerhalb eines so heterogenen Landes und der Beziehungsnetz-werke auf der Basis des zentralen gesellschaftlichen Wertes der Harmo-nie. Sie impliziert die folgenden Faktoren:

◼ Konfliktvermeidung

Kinder in Indien werden zur Rollenkonformität und Harmonie inner-halb des Familiensystems und der sich daraus ergebenden Netzwerke erzogen. Ein wichtiger Wert ist es, dass die Gefühle der Anderen geachtet und Konflikte vermieden werden. Das ist für Inder deswegen so wichtig, da sie oft keine Strategien kennen, Konflikte sachlich und konstruktiv zu lösen. Man versucht, Konflikte so gut es geht zu vermeiden. Hinzu kommt, dass durch das Respektprinzip und Prinzip der Rollenkonfor-mität nur Gleichgestellte Meinungsverschiedenheiten offen austragen dürfen. Deswegen werden Konflikte lange unter den Teppich gekehrt oder lediglich sehr indirekt angesprochen, was bei Deutschen zu Irrita-tionen führen kann, da sie möglicherweise das Konfliktpotenzial einer Situation gar nicht erkennen. Von den vier klassischen Reaktionen bei Konflikt, nämlich Konfrontation, Aushandlung, Anpassung und Ver-meidung, bevorzugt man die zwei letztgenannten Möglichkeiten. Wenn es aber doch zu einem offenen Konflikt kommt, legen Inder oft eine härtere Gangart ein.

Auch auf die Gesamtgesellschaft bezogen spielt Harmonie eine wich-tige Rolle: In einem kulturell so heterogenen Land wie Indien wäre das gesellschaftliche Zusammenleben ohne die Strategie der Konfliktver-meidung gefährdet.

◼ Indirektheit

Treten Schwierigkeiten in einer Geschäftsbeziehung mit Kunden, Liefe-ranten oder Auftraggebern auf, werden sie entweder gar nicht oder nur sehr spät thematisiert. Wenn sie angesprochen werden, dann etwa mit Formulierungen wie »wir sind mit dem Bericht beinahe fertig«, »wir werden uns beeilen, den Bericht baldmöglichst fertigzustellen« oder auch »wir arbeiten mit Hochdruck daran«, was konkret bedeutet: »wir sind noch nicht fertig«.

In Indien wird zwischen Person und Sache nicht getrennt, das heißt, die Kritik an einem noch nicht fertigen Bericht wird auch als persönliche Kritik empfunden. Die Äußerung von Kritik oder auch das Ansprechen von Problemen erfordert sehr viel Fingerspitzengefühl.

Je vertrauensvoller die Beziehung ist, umso direkter wird kommuniziert, auch wenn Schwierigkeiten auftauchen. Unter Freunden oder in der Familie wird besonders dann direkt kommuniziert, wenn man jemanden um einen Gefallen bittet. Mit zunehmendem Alter und Status steht es einem Inder gesellschaftlich auch zu, seine Meinung direkt zu äußern.

■ Nein sagen

In der Öffentlichkeit beharren Inder in der Regel nicht auf ihrer Meinung, wenn die Gruppe dagegen ist – dies kann lediglich bei Älteren und/oder Höhergestellten geschehen. Selbst das würde die Harmonie stören. Die Harmonie innerhalb der Familienverbände wird durch ein unverhülltes Nein ebenfalls gestört, weil die gegenseitige Unterstützung ein Grundpfeiler der verschiedenen Netzwerke ist. Deswegen ist eine direkte Ablehnung einer Bitte innerhalb der Netzwerke in Indien problematisch. Die Inder haben dagegen wenige Probleme damit, Bitten von »außerhalb«, wie beispielsweise die von Bettlern, abzuweisen. Da ein klares Nein als extrem unhöflich und grob empfunden wird, wird es indirekt signalisiert. Für Ausländer/Deutsche ist es oft sehr schwierig, das Nein in indischen Aussagen zu erkennen. Formulierungen wie »maybe« oder »Let me think about it« deuten auf eine Ablehnung hin. Die Nuancen der Kommunikation sind auch sehr fein: Eine kleine Handbewegung oder der Tonfall setzen Signale, die für Außenstehende häufig nicht erkennbar sind (→ mehr zum Thema Kommunikation in Kapitel 7).

■ Hierarchieorientierung

>Mata, pita, guru, devam«
(Mutter, Vater, Lehrer, Gott).
Sanskrit-Ausspruch

Hierarchie hat in Indien für die Organisation der Gesellschaft schon immer eine zentrale Rolle gespielt. Früher hat vor allem die Kaste die hierarchische Stellung bestimmt, heute ist es die soziale Position. Nicht nur die Arbeitswelt ist klar hierarchisch geordnet, auch die Familie folgt einer strengen Ordnung. So sind die Rollen mit den entsprechenden Rechten und Pflichten klar definiert. Die Eltern stehen hierarchisch höher als die Kinder. Vater und Mutter bieten ihren Kindern während ihrer gesamten Entwicklung Schutz und Unterstützung. Dafür bringen die Kinder ihren Eltern Respekt und Gehorsam entgegen und kümmern sich im Alter um sie.

Die Hierarchie zeigt sich auch im persönlichen Umgang: Ältere werden von Jüngeren immer mit »Sie« angesprochen, während die Älteren die Jüngeren mit »Du« ansprechen dürfen. Das Siezen ist ein Zeichen des Respekts, nicht der Distanz. Auch in der Körpersprache drückt sich die Hierarchie aus: In Nordindien berühren die Jüngeren bei der traditionellen Begrüßung die Füße der Älteren und im Süden des Landes knien die Jüngeren vor den Älteren und berühren den Boden mit der Stirn.

Diese rituelle Verneigung ist ein Zeichen des Respekts vor Älteren und dient auch dazu, deren Segenswünsche bei Hochzeiten, Geburtstagen usw. zu empfangen. Heutzutage kommt sie fast nur noch im Privatleben vor, manchmal wird in ländlichen Gebieten auch der Chef so behandelt. Frauen steigen mit zunehmendem Alter ebenfalls auf der Respektskala auf. Junge Frauen dagegen haben es gesellschaftlich und beruflich oft schwerer.

■ Respekt vor Status und Seniorität

Durch das Karma-Prinzip besteht bei Indern eine höhere Akzeptanz für existenzielle Ungleichheit. Innerhalb der gesellschaftlichen Rangordnung ist es selbstverständlich, dass man dem Älteren, den Eltern, dem

Lehrer, dem gesellschaftlich Höhergestellten, dem Vorgesetzten respektvoll gegenübertritt. Dies kann bei Europäern leicht als Unterwürfigkeit
ankommen (→ Kapitel 7).

Die Stellung innerhalb der Hierarchie des sozialen Systems ist eindeutig im Verhalten des Einzelnen erkennbar. Selbstbewusstes Auftreten steht nicht allen gleichermaßen in jeder Situation zu. Dasselbe gilt
für direkten, lang anhaltenden Augenkontakt. »Gleichmachung« in Indien ist unerwünscht. Der Ausländer, der seinen Fahrer in sein Restaurant mitnimmt und an seinem eigenen Tisch sitzen lässt, bringt den
Fahrer und das Servicepersonal des Restaurants vor allem in Verlegen-
heit. In der Freizeit bleiben Inder am liebsten unter ihresgleichen.

Eine Veränderung ist in Indien deutlich bemerkbar: Während früher die Menschen ihren Status aus Kaste, Klasse und Familie definiert
haben, beruht der Status heute zunehmend auf den erreichten eigenen
Leistungen. Trotz dieses Trends wird das eigene Vorankommen nach
wie vor als eine Investition für die nachfolgenden Generationen betrachtet.

Traditionell ist Bildung in Indien ein Zeichen von Status: Brahmanen, Priester und Gelehrte gehören der obersten Kaste an. Bildung
wird mit der Spitze innerhalb der Gesellschaftsordnung gleichgesetzt.
Handwerkliche Tätigkeiten verschaffen keinen Status, deswegen ist das
Desinteresse an praktischen Tätigkeiten und eine entsprechende Un-
fähigkeit fast aller gebildeten Inder groß. Körperliche Arbeit schadet
dem Status, deswegen wird in Indien viel Wert auf Bedienstete gelegt.
Umgekehrt ist es so, dass die deutsche Leidenschaft fürs »Werkeln«
von Indern mit einer Mischung aus Bewunderung und Mitleid betrachtet wird. Indern liegt im Berufsleben viel daran, nach oben zu
kommen. Dementsprechend hoch ist die Fluktuation in Unternehmen, da die Inder gern die Firma wechseln, wenn sie die Karriereleiter
nicht so schnell erklimmen wie gewünscht.

Sehr wichtig ist es, dass jeder Titel einer Person auf ihre Visitenkarte
aufgedruckt ist. Bewusst auf die Angabe eines Titels zu verzichten, ist
nicht ratsam, weil man sonst bei Verhandlungen und anderen Gesprächen nicht auf gleichrangige Partner trifft. Das kann möglicherweise das Zustandekommen des Geschäfts verzögern oder gar verhindern.

Tipp: Visitenkarte wertvoll gestalten, vollständige Titelnennungen sind wichtig. »Manager« hat wenig Aussagekraft, weil fast jeder sich in Indien »Manager« nennen darf.

Der materielle Wohlstand ist eng mit dem Status verknüpft. Er wird in bestimmten Bereichen auch zur Schau gestellt, beispielsweise bei Hochzeiten. Für Inder steht Reichtum in keinem Widerspruch zu Spiritualität. Auf Grußkarten stehen Wünsche für Glück und Wohlstand. Sie werden im Hinduismus verkörpert durch die Göttin Lakshmi, die mit einer Lotosblüte in der Hand einem Meer aus Milch entsteigt. Abbildungen von Lakshmi werden daher in der Regel nicht verschenkt, weil man dadurch den eigenen Erfolg und Wohlstand aus der Hand gibt.

■ Flexibilität und Anpassungsfähigkeit

> »Unser größter Mehrwert für die Deutschen liegt darin,
> dass wir flexibel auf veränderte Situationen reagieren können.«
> Himamshu Joshi, Verkaufsingenieur

Das indische Zeitverständnis entspricht nicht dem deutschen. Es wird gesagt, dass das indische Zeitverständnis etwas mit dem hinduistischen Gedanken der Wiedergeburt zu tun hat. Dies spiegelt sich in dem folgenden indischen Sprichwort wider: »Wir sind ebenso die Vergangenheit wie das, was wir jetzt sind und sein werden.« Das bedeutet, dass man so lange wiedergeboren wird, bis man die Erleuchtung erlangt hat. Dies entspricht einem zyklischen Zeitverständnis, in Europa herrscht jedoch im Gegensatz dazu ein lineares Zeitverständnis. Ein Sprichwort des Philosophen Arthur Schopenhauer bringt dies so auf den Punkt: »Wir sollten uns bewusst sein, dass der heutige Tag nur einmal kommt und nimmer wieder.«

In der indischen Vorstellung gibt es weder einen Anfang noch ein Ende. Genauso wie Raum im physikalischen Sinne kann die Zeit weder gespart noch verschwendet werden, weil sie unendlich ist. Das Hindi-Wort »Kal« bedeutet sowohl »gestern« als auch »morgen«, die Bedeutung ist nur anhand der grammatikalischen Form (durch unterschiedliche Zeitformen des Verbs) erkennbar. Das deutsche Effizienzdenken kann schnell Verwirrung auslösen, da man sich fragt, warum es die Deutschen so eilig haben, wo doch – im Sinne des oben genannten Sprichwortes – die vorhandene Zeit im Kreislauf der Wiedergeburten gewissermaßen »unendlich« ist.

Dennoch ist das indische Zeitverständnis nicht überall gleich. In den ländlichen Gegenden ticken die Uhren langsamer als in den Städten. Der Grad der Pünktlichkeit variiert mit der Funktion, die jemand im Rahmen einer Begegnung hat. Ebenso spielen Alter, Nähe der Beziehung und Wichtigkeit des Treffens eine Rolle. Fazit: Zeit und Pünktlichkeit haben keinen Wert an sich, sondern dienen in bestimmten Situationen dazu, persönliche Ziele zu erreichen. Termine sind in Indien eher ein Richtwert. Dennoch gibt es auch da Ausnahmen, wenn etwa ein Priester oder ein Astrologe einen »günstigen« Zeitpunkt für eine Hochzeit oder die Neueröffnung eines Geschäftes errechnet hat.

Oft hat Unpünktlichkeit in Indien ganz praktische Gründe: Öffentliche Verkehrsmittel sind nicht auf die Minute genau, in den Städten gibt es aufgrund der permanenten Straßenüberlastung sehr viele Staus. Auch unvorhergesehene Ereignisse wie beispielsweise eine Überflutung durch den Monsun, Blitzstreiks oder einen Stromausfall können in Indien leicht eintreten. Absolute Pünktlichkeit wie im deutschen Sinne ist in Indien kaum zu bewerkstelligen, der Inder arrangiert sich. Viele Vorhaben in Indien dauern unverhältnismäßig lange. So können sich etwa Gerichtsverfahren über Jahre hinziehen; es dauerte zehn Jahre, bis mit dem Bau des neuen Flughafens in Bangalore begonnen wurde. Paradoxerweise werden viele Dinge auch im Nu erledigt, wenn man die richtigen Personen oder Wege kennt. Ganze Straßenabschnitte werden über Nacht gebaut, und der Wiederaufbau des Taj-Mahal-Hotels nach dem Terroranschlag im September 2008 war schon im Gange, als Reporter noch vor dem Hotel über den Anschlag berichteten.

Angesichts der Vielzahl von möglichen Hindernissen sind die Inder in der Regel sehr gut in der Lage, ganz spontan zu improvisieren und flexibel zu reagieren. Sie sehen dies als ihre größte Stärke. Voraussetzung für spontanes Reagieren auf veränderte Situationen ist die Gelassenheit, die Dinge so zu nehmen, wie sie sind. Trotz des ständigen Hupens auf indischen Straßen ist man weniger aufgeregt als stoisch-gelassen.

Man sieht in Indien keine Notwendigkeit oder gar keinen Sinn in einer Langzeitplanung. Das Sicherheitsbedürfnis ist wenig ausgeprägt und die Risikobereitschaft entsprechend hoch. Da gemäß der Lebenserfahrung eines Inders eine Situation nie so bleibt, wie sie im Augenblick des Planens besprochen wurde, und das Leben mit all seinen Facetten nicht kontrollierbar ist, macht es Sinn, kurzfristig und pragmatisch zu planen und die Kraft für mögliche Veränderungen aufzusparen. Diese Haltung ist in Zeiten der wirtschaftlichen Unsicherheit wie im Jahre 2009 praktisch. Man hadert nicht mit der Verunsicherung, weil die Zukunft unberechenbar erscheint, sondern schaut vielmehr konkret nach Wegen aus der Misere.

◼ Optimismus

Dafür ist ein gewisser Grundoptimismus erforderlich. Man ist grundlegend von der »Machbarkeit« von allem überzeugt, weil die Erfahrung zeigt, dass auch schlechte Zeiten wieder vorübergehen. Deswegen machen die meisten Inder ganz pragmatisch das Beste aus dem Augenblick und warten im Zweifelsfall schlicht auf bessere Zeiten. Aus indischer Sicht müssen auch unglückliche Ereignisse in einem größeren Zusammenhang gesehen werden. Sie sind zwar Steine auf dem Weg, aber keine unüberwindbaren Hindernisse.

In den vergangenen Jahren haben sich die beschriebenen Kulturstandards durch die fortschreitende Globalisierung sehr stark gewandelt – und sie verändern sich stets weiter. Ein wichtiger Grund dafür ist: 40 Prozent der indischen Bevölkerung sind unter 30 Jahre alt. Der Wandel beginnt mit einer veränderten Haltung, ein Beispiel ist die Hierarchieorientierung. Von jungen Indern wird sie als »Ist-Zustand« wahrgenommen, aber eine Auflockerung starrer Hierarchiestrukturen wird als erstrebenswert empfunden. Dass diese Standards jedoch noch immer ausschlaggebend für das Funktionieren der indischen Gesellschaft sind, wird auch in den folgenden Kapiteln deutlich.

▉ Kapitel 5: Wissen und Bildung

»Gnanam paramam devam«
(Wissen ist das höchste Gut).
Sanskrit-Spruch

▉ Bildung gestern und heute

Bildung hat traditionell einen hohen Stellenwert in Indien, auch weil sie einen der Wege zur Erleuchtung darstellt. Bereits im 5. Jahrhundert schuf Aryabhata das Dezimalsystem, im 6. Jahrhundert errechnete Budhayana den Wert von Pi und die erste Universität wurde in Takshila (im heutigen Pakistan) etwa 500 vor Christus errichtet. Aus derselben Zeit stammen auch die indischen Standardwerke für Heilkunst, Ayurveda genannt. Die buddhistische Universität von Nalanda in Nordindien im heutigen Bundesstaat Bihar wurde im 5. Jahrhundert gegründet und bestand bis zu ihrer Zerstörung im Zuge der islamischen Eroberung Ende des 12. Jahrhunderts. Nach dieser Zeit gab es bis ins 15. Jahrhundert hinein fast einen wissenschaftlichen Stillstand.

Ab dem 17. Jahrhundert sorgten die Mogulkaiser für islamische Einflüsse in die vedisch-buddhistische Bildungslandschaft Indiens. Mit der Ankunft der Engländer fand die westliche Lernphilosophie allmählich Eingang in das Bildungssystem. Das System ist heute anglo-amerikanisch geprägt, aber Überbleibsel von allen vorangegangenen Lernsystemen und -philosophien sind trotzdem erhalten geblieben. Der Pluralismus Indiens zeigt sich auch hier.

Der Zugang zu Bildung war ursprünglich ein Privileg der höheren Kasten. Dies hat sich allerdings in den vergangenen zwanzig Jahren verändert. Bildung (vorzugsweise in englischer Sprache) ist vor allem für den materiellen Erfolg wichtig geworden. Dafür gibt es auch in den armen und ländlichen Schichten ein zunehmendes Bewusstsein.

Bis 1976 war das Bildungswesen Angelegenheit der Staaten. Inzwischen hat die Zentralregierung die Verantwortung für Qualität und Bildungsinhalte übernommen. Die Entscheidungen über die Organisation und Struktur der Bildungsträger sind aber weitgehend bei den Staaten geblieben. Nach der indischen Verfassung haben Kinder einen Anspruch auf eine kostenlose Schulbildung bis zum 14. Lebensjahr, ebenso existiert eine Schulpflicht bis zu diesem Alter. Das ist die Theorie. In der Praxis sieht es allerdings anders aus: Viele arme Kinder gehen wegen saisonaler Arbeit nicht regelmäßig zur Schule, besonders auf dem Lande. Außerdem ist die Einschulungsrate von Mädchen immer noch deutlich geringer als die von Jungen. Der indische Staat verfolgt nun mit einer neuen Initiative das Ziel einer Grundschulbildung für alle Kinder.

Abbildung 8: Mädchen bei den Hausaufgaben, Kasrawad, Madhya Pradesh, Dezember 2007 (© Jörg Böthling)

Für viele Eltern ist die Schulbildung ihrer Kinder trotz des kostenlosen Unterrichts eine finanzielle Belastung, da sie sich die Ausgaben für Schuluniform und Unterrichtsmaterialien kaum leisten können.

Nur etwa 7 Prozent der 18- bis 24-jährigen indischen Jugendlichen auf dem Lande haben nach der Schule Zugang zu höherer Bildung. Auch die regionalen Unterschiede bei der Verteilung von Bildung in Indien sind groß: Während im südindischen Bundesstaat Kerala über 90 Prozent der Menschen lesen und schreiben können, sind es im Bundesstaat Bihar in Nordindien weniger als die Hälfte. Aus nur vier Bundesstaaten (Bihar, Rajasthan, Madhya Pradesh, Uttar Pradesh) stammen mehr als 50 Prozent aller Schulabbrecher.

Trotz der mangelhaften Grundausbildung vieler Kinder verfügt Indien über einige der besten Weiterbildungseinrichtungen weltweit: Die »Indian Institutes of Technology« (kurz IIT) zählen zu den besten Universitäten für Ingenieurwissenschaften. Insgesamt gibt es sieben dieser Eliteeinrichtungen, von denen jene in Chennai mit deutscher Unterstützung gegründet wurde und bis heute Verbindungen zu verschiedenen deutschen Universitäten unterhält.

Der indische Staat investiert schon lange intensiv in die höhere Bildung. Bekannt ist auch das »Indian Institute of Science« in der südindischen Computermetropole Bangalore. Das Forschungsinstitut wurde bereits 1911 von der Industriellenfamilie Tata gegründet.

■ Schulbildung

> »Ich bin bereit, jede Arbeit zu verrichten . . . Ich bin in der 6. Klasse
> und will um jeden Preis weiter zur Schule.«
> Sayan Pal, 13-jähriger Zeitungsverkäufer

Die staatlichen Schulen in Indien sind größtenteils in einem desolaten Zustand. Die Lehrer sind meist selbst schlecht ausgebildet: So hat beispielsweise nach einer Studie der Weltbank lediglich ein Fünftel der Grundschullehrer im Bundesstaat Bihar überhaupt einen Schulabschluss. Nach dieser Studie schwänzt dort rund ein Viertel der Lehrer regelmäßig den Unterricht, was nicht gerade zur Motivation ihrer Schüler beiträgt.

Wenn die Eltern es sich irgendwie leisten können, schicken sie ihre Kinder auf eine Privatschule. In den Großstädten geht inzwischen jedes zweite Kind auf eine kostenpflichtige Privatschule – sogar die Kinder aus den Slums. Der Hochschulzugang gestaltet sich für junge Inderinnen und Inder, die eine staatliche Schule besucht haben, oft schwierig. Durch staatliche und private Stipendien und eine Quotenregelung, die ärmeren und kastenbenachteiligten Schüler erleichterte Zugangsbedingungen zu Universitäten garantiert, besteht allerdings grundsätzlich die Möglichkeit dazu.

In Indien existiert eine breite Palette von Schulformen nebeneinander, einschließlich islamischer Madrasas, hinduistischer vedischer Schulen und christlicher Ordensschulen.

Die Kosten für Privatschulen variieren stark. Während stiftungs- und staatlich unterstützte Schulen recht erschwinglich sind (sie kosten zwischen 100 und 400 Rupien, ca. 1,20 bis 6 Euro pro Monat), sind die internationalen Schulen am teuersten (ca. 1000 bis über 2000 Euro monatlich). Bildung ist ein florierender Wirtschaftszweig geworden. Der Vorschulmarkt für unter Fünfjährige ist gerade entdeckt worden und wird auf eine Milliarde US-Dollar geschätzt. Auch Konzerne wie Birla beteiligen sich an diesem einträglichen Markt mit eigenen Vorschulen.

Die Rahmenbedingungen der Privatschulen sind wenig standardisiert, selbst wenn die staatliche Abschlussprüfung bei vielen dieselbe ist. Die Lerninhalte, Anzahl der Fächer, Ferien, Lernmethoden und auch die Prüfungen variieren von Schule zu Schule. Besonders die englischsprachigen Schulen sind sehr begehrt, weil die meisten technischen/wissenschaftlichen Studiengänge auf Englisch angeboten werden.

Die Auswahl der Schule ist für die Kinder von grundlegender Bedeutung. Die Frage »Wo bist du zur Schule gegangen?« ist ein Leben lang von Relevanz, um etwas über das soziale Milieu des Befragten zu erfahren. Anhand der veröffentlichten Prüfungsergebnisse suchen die Eltern die beste Schule aus. Entsprechend schwierig ist die Aufnahme in eine begehrte Privatschule. Die Schulen sind bekannt für strenge Aufnahmekriterien. Indische Eltern sind sogar bereit, wegen der Schulbildung ihrer Kinder umzuziehen.

Um ihren Kindern die besten Chancen mit auf den Weg zu geben, wollen viele Eltern sie so früh wie möglich in die Schule schicken. Aus diesem Grund wird bei der Aufnahme in den Kindergarten auch häufig mit dem Geburtsdatum geschummelt.

Die zwei Kindergartenjahre sind oft in die Schule integriert. Das Lernen dort beginnt bereits früh. Die meisten Kinder können vor der 1. Klasse lesen und schreiben und bis 100 zählen.

Bei Beendigung der zwei Kindergartenjahre gibt es an einigen Schulen tatsächlich eine Abschlussveranstaltung mit Robe und Hut. In Indien sind zehn Jahre Schule Pflicht. Wer studieren möchte, muss zwei weitere Jahre die Schulbank drücken. In dieser Oberstufe legt der Schüler die Fächerkombination fest, die er für sein späteres Studium braucht. In einer englischsprachigen Schule werden in der Regel zwei indische Sprachen gelernt – die Nationalsprache Hindi und die Landessprache.

Der Leistungsdruck in Indien ist sehr hoch. Das Sitzenbleiben wird als Schande für die ganze Familie betrachtet. Vor allem das letzte Schuljahr ist mit großem Stress verbunden, da die Noten sehr gut sein müssen, um angesichts des Konkurrenzkampfes der vielen Schüler in ein gutes College aufgenommen zu werden. Das führt in der Praxis dazu, dass die Kinder nicht nur eine Ganztagsschule besuchen, sondern darüber hinaus noch Nachhilfestunden nehmen, viele Hausaufgaben zu erledigen haben und zusätzlich noch zum Sport- und Musikunterricht gehen. Trotzdem spricht man nicht von »Schulstress«, und Schulkinder strahlen Lebensfreude aus. Die Kinder der Expats besuchen meist die internationalen Schulen, weil der internationale Baccalaureat-Abschluss in vielen Ländern anerkannt ist.

■ Berufsausbildung

Das Handwerk hat in Indien nicht denselben Stellenwert wie in Deutschland, da körperliche Arbeit im Vergleich zu intellektueller Arbeit ein wesentlich geringeres Ansehen genießt. Entsprechend gering ist die Wertschätzung einer praktischen Berufsausbildung, die es in Indien kaum gibt. Auch offizielle Abschlüsse von handwerklichen Berufsausbildungen sind selten. Ein Installateur beispielsweise fängt mit Handlangertätigkeiten in einem Betrieb an, bis er mit der Zeit die Arbeit selbstständig ausführen kann.

Ziel der jungen Inderinnen und Inder ist es, nach der Schule unbedingt auf ein College zu gehen, um anschließend eine Schreibtischarbeit
zu finden. Schulabbrecher oder Schüler mit einem schlechten Abschluss
haben es dagegen schwer: Sie müssen einen Handwerksberuf lernen
und meist körperlich anstrengende Arbeiten verrichten. Die meisten
Kinder der Mittelschicht schaffen irgendwie die Aufnahme in ein Pri-
vat-College – notfalls über Beziehungen oder auch gegen eine kleine
»Spende«. Aus diesem Grund bleibt das Handwerk oft entweder in der
Familie oder es wird von sozial und schulisch benachteiligten Jugendlichen ausgeübt.

Mit dem wachsenden Bewusstsein für berufsnahe Bildung gibt es seit
einigen Jahren das ITI (»Industrial Training Institute«) für gewerbliche
Bildung. Konzerne wie Bosch (ehemals Mico) oder der Automobilher-
steller Tata verfügten schon immer über eigene Lehreinrichtungen, um
Facharbeiter für ihre Produktion auszubilden. Die Unternehmen sind
meist landesweit für ihre gute Berufsausbildung bekannt. Das Konzept
des zweiten Bildungswegs war in Indien lange unbekannt. Inzwischen
gibt es die Möglichkeit, über ein »Diploma« an eine Universität zu ge-
langen, das mit einem Technikerabschluss vergleichbar ist. Computer-
schulungen sind heißbegehrt und werden vom Staat unterstützt. Trotzdem bleibt ein Studium das Bildungsziel der meisten Inder.

Tipp: Wer in Indien für sein Unternehmen Facharbeiter braucht, sollte sie
am besten selbst ausbilden.

◼ Akademische Ausbildung

»Heute noch habe ich gelegentlich Prüfungsalbträume.«
B. Natraj, 61-jähriger Geschäftsführer

Die Bedeutung der Universitäten in Indien ist mit einer Immatrikula-
tionsrate von 12,6 Prozent (2009) nach wie vor sehr groß. Bei der urbanen Mittelschicht liegt sie noch viel höher. Der Unterschied zwischen
Männern und Frauen beträgt knapp 4 Prozent. In den fünf südindischen Bundesstaaten Tamil Nadu, Kerala, Andhra Pradesh, Karnataka
und Maharashtra werden rund zwei Drittel aller Ingenieure ausgebildet.

Wegen besserer Stellenaussichten ziehen Inder die technischen Studiengänge den geisteswissenschaftlichen vor. Die Spanne der Verdienstmöglichkeiten ist extrem breit. Besonders Männer werden von ihren Familien häufig in die technische oder medizinische Richtung gedrängt, da sie mit einem hohen gesellschaftlichen Status verbunden ist. Hinzu kommt, dass die Chancen auf einen Arbeitsplatz – besonders in der Software-Industrie – mit einem technischen Studium in Indien derzeit sehr gut sind. Entsprechend begehrt sind die Studienplätze auf diesem Gebiet. Auch Frauen streben inzwischen danach: Das Mann-Frau-Verhältnis in technischen Studiengängen wird derzeit auf 6:1 geschätzt. Ein weiterer begehrter Abschluss ist ein MBA, oft nach einem Ingenieursstudium oder ein paar Jahren Berufstätigkeit. An den guten Universitäten ist Englisch Unterrichtssprache, da Studenten aus dem ganzen Land dorthin kommen. Seit der Einführung von Englisch als Unterrichtssprache durch die britischen Kolonialherren Mitte des 19. Jahrhunderts ist sie die bevorzugte Sprache der Bildungselite geworden.

Die Bildungseinrichtung wird nach Rankings ausgesucht. Die Aufnahmeprüfungen für die guten Universitäten sind dementsprechend hart. Um sie zu bestehen, besuchen die Schüler parallel zur Schule am Abend eigens Vorbereitungskurse (»coaching classes«). Es gibt eigene Institute zur Vorbereitung auf die Aufnahmeprüfungen. Ein Blick auf die Zahlen erklärt die Notwendigkeit des harten Büffelns: Um einen der begehrten Studienplätze am »Indian Institute of Technology« (kurz IIT) bewerben sich jährlich etwa 300.000 Schüler. Angenommen werden 5.500, davon haben 95 Prozent einen Vorbereitungskurs besucht. Da die Aufnahmeprüfungen an sich so anspruchsvoll sind, gibt es dann während des Studiums kaum Studienabbrecher. Den Absolventen dieser Kaderschmieden bleibt die Arbeitssuche erspart, weil die Firmen direkt am Campus rekrutieren. Die Netzwerke, die während der Studienzeit entstehen, bleiben ein Leben lang erhalten und sind im späteren Berufsleben nützlich. Die Eliteeinrichtung bei MBA-Abschlüssen ist das »Indian Institute of Management« (IIM), das an sieben Standorten vertreten ist.

Ein gutes Studium kostet viel Geld, an einem der staatlichen »Indian Institutes of Technology« sind das rund 65.000 Rupien pro Jahr (etwa 10.000 Euro). Die Kosten für ein Studium an einer Privatuniversität können bei 45.000 Euro pro Jahr und mehr liegen. Eltern sind bereit, für die Bildung ihrer Kinder Opfer zu bringen. Die Enttäuschung von Familie und Umfeld bei schulischem Versagen der Jugendlichen ist daher sehr groß. Sie führt auch zu einer erhöhten Selbstmordrate nach schlechten Prüfungsergebnissen.

Die Auswirkungen des Prüfungsdrucks sind auch später im Berufsleben spürbar. Qualitätsaudits und Mitarbeitergespräche sind mit schlaflosen Nächten und intensiven Vorbereitungen verbunden. Ziele werden oft in Prüfungsmanier durch kurzzeitige, heftige Anstrengungen erreicht.

> Tipp: Da Qualifikationen manchmal geschönt werden, ist kritisches Hinterfragen bei Bewerbern notwendig. Unterstützung von indischen Kollegen ist hierbei sinnvoll.

■ Bildungsphilosophie

> »Guru« (Sanskrit): von »gu« (Dunkelheit) und »ru« (beseitigen), einer der aus der Dunkelheit der Unwissenheit ins Licht führt.

Traditionell war der Lehrer (»Guru«) ein Vorbild und gleichzeitig der Erzieher. Der Schüler (»Sishya«) hat bei seinem Lehrer gewohnt und ihm gedient. Dafür erhielt er Einweisung in die heiligen Schriften (»Veden«), Charakterbildung und berufliche Bildung (zum Beispiel Kriegsführung etc. in der Kshatriya-Kaste, der Krieger-Kaste). Alle Mitglieder der drei oberen Kasten mussten diese erste Phase des Lernens und Dienens durchlaufen.

Auch heute hat die Rolle des Lehrers in Indien noch eine »Guru«-Funktion. Der Lehrer ist die Quelle des Wissens und er wird respektiert dafür. Es ist nicht üblich, dass man dem Lehrer kritische Fragen stellt oder gar seine Aussagen hinterfragt, damit sind er und sein Wissen in gewissem Sinne unantastbar. Da die Anzahl der Schüler pro Klasse in der Regel groß ist, werden Ruhe und Disziplin von den Schülern erwartet. Lehrer werden mit »Sir« oder »Ma'am« angeredet.

Das Wissen an sich hat in Indien traditionell eher einen ideellen als einen praktischen Wert. In der Schule geht es darum, sich in möglichst kurzer Zeit möglichst viel Wissen anzueignen. Dabei wird die Fähigkeit, Daten und Fakten aufzunehmen und zu speichern, entwickelt. Das Auswendiglernen spielt wie in früheren Zeiten der oralen Tradition eine große Rolle. Weniger entwickelt wird dagegen die Fähigkeit, kritisch zu hinterfragen oder übergeordnete Zusammenhänge herzustellen.

Von einem Studenten in Indien wird erwartet, dass er innerhalb einer vorgegebenen Zeit – beispielsweise drei Jahre bei einem Bachelor-Studiengang in Wirtschaftswissenschaften – fertig ist. Neuerdings gibt es zunehmend Kooperationen mit ausländischen Hochschulen, meist in Großbritannien, Australien oder den USA. Dadurch wird der Horizont des Studenten erweitert. Ein neues Bildungsmodell ist gerade im Entstehen begriffen: Firmen gehen Kooperationen mit Hochschulen ein und geben Impulse für den Lernstoff.

Professorentitel beeindrucken in Indien nicht so sehr wie in Deutschland. Der Titel »Professor« ist vielmehr eine Berufsbezeichnung für die Lehrkräfte an der Universität, deren Ansehen allerdings nicht so hoch ist wie in Deutschland. Dies liegt unter anderem daran, dass die Bezahlung wesentlich schlechter ist als in der Industrie und daher für karrierebewusste Menschen meist uninteressant. Gerade aus dem Grund herrscht ein Professorenmangel auch an den Eliteeinrichtungen Indiens.

Doktortitel sind in der Industrie selten anzutreffen. Sie sind bei der Arbeitssuche nicht immer von Vorteil. In manchen indischen Personalbüros herrscht die Meinung, dass der Bewerber promovieren musste, weil er keine guten Stellenangebote bekommen hat.

In Indien bereiten die Bildungseinrichtungen die Absolventen eher auf Prüfungen als aufs Arbeitsleben vor. Daher sind laut einer Weltbankstudie (2007) nur etwa 10 bis 25 Prozent aller Absolventen in allgemeinen, nichttechnischen Studiengängen unmittelbar nach dem Studium in ihrem Beruf einsetzbar. Den indischen Arbeitgebern ist dies bewusst. Sie rechnen die Einarbeitungszeit bei der Einstellung von Universitätsabsolventen mit ein. In der IT-Branche veranstalten große Firmen ausführliche Einarbeitungsprogramme mit Studiencharakter. Selbstständigkeit darf von den jungen Absolventen nicht erwartet werden, da während des Studiums die Anweisungen der Lehrkräfte im Vordergrund stehen und nicht die selbstständige Arbeit der Studenten.

Tipp: Berufsanfänger brauchen Betreuung und Unterstützung.

▓ Schulungen für Inder: Hinweise

Meist fällt den Deutschen in Indien als Erstes der Wissensdurst der indischen Schulungsteilnehmer auf. Wissen ist etwas Wertvolles und man
ist dankbar für die Gelegenheit, sich weiterzubilden. Es fällt auch auf,
dass die Teilnehmer in der Regel kaum Zwischenfragen während des
Unterrichts stellen. Bei Nachfragen des Ausbilders wird von Teilneh-
mern meistens behauptet, dass alles klar sei. Die Aussage »ich habe alles
verstanden« darf allerdings nicht immer wörtlich genommen werden.
Wenn man aus eigener Sicht das Gröbste verstanden hat, kann man in
Indien »alles verstanden« sagen. Bei Unklarheiten ist der übliche Ausdruck: »I have some doubts«, wobei das Wort »doubt« in diesem Zusammenhang nichts mit Zweifeln zu tun hat.

Inder sind nicht dazu erzogen, während des Unterrichts Fragen zu
stellen. Bei Unklarheiten ist es nicht üblich, direkt nachzufragen, sondern erst einmal nachzudenken. Danach wird innerhalb des eigenen
Netzwerks nach Erklärungen gesucht. Einen Ausbilder, der Wert auf
Distanz legt, würde man erst dann fragen, wenn man nicht über andere
Wege zum Ziel gekommen ist. Außerdem ist es einem Inder peinlich,
vor der versammelten Gruppe als Einziger kundzutun, dass er etwas
nicht verstanden hat. Wenn ein Ausbilder am Anfang des Unterrichts
explizit Unterstützung anbietet (»Sie können jederzeit zu mir kommen«), wird sie allerdings auch gern in Anspruch genommen. Bei Schulungen von Akademikern ist eine größere Offenheit im Umgang mit
den Referenten festzustellen.

Üben ist in Indien notwendig und erwünscht. Bei praktischen Schulungen beispielsweise gilt das Prinzip vormachen, nachmachen lassen,
üben und nochmals üben.

Der Stellenwert von Bildungsmaßnahmen wird durch »Zertifikate«
erhöht. Dies hat den Vorteil, dass man Tests (praktischer oder theoreti-
scher Art) als Mittel zur Lernkontrolle oder Ermittlung des Eingangs-
niveaus einsetzen kann. Die Inder sind von Kindheit an sehr prüfungs-

erprobt. Teilnahmebescheinigungen allein haben keine Aussagekraft in Indien.

Tipp: Wegen heterogener Grundkenntnisse ist es bei Schulungen notwendig, das Eingangsniveau der Teilnehmer zu ermitteln.

■ Das indische Bildungssystem: Ein Ausblick

Aus deutscher Sicht ist das indische Hochschulsystem »verschult«, aber das Niveau der guten Hochschulen ist sehr hoch. Indische Studenten sind sehr willkommen an westlichen Hochschulen. Es gibt eine Reihe von namhaften Lehrkräften aus Indien an amerikanischen und britischen Hochschulen, wie ehemals die Nobelpreisträger Chandrasekhar oder Har Gobind Khorana.

Kurioserweise sind Beinahe-Analphabeten im Alltag nicht so hilflos, wie man es vielleicht erwarten könnte. Viele beherrschen das Kopfrech-

Tabelle 8: Das indische Bildungssystem – eine Übersicht

Abschlüsse	Dauer	Alter
Promotion (PhD)	3–4 Jahre	25–28 Jahre
Master-Studiengang M.Tech/MBA MSc./M. A.	 1–2 Jahre 2 Jahre	 22–24 Jahre
Bachelor-Studiengang B.Tech B. A./BSc/B.Com	 4 Jahre 3 Jahre	 21/22 Jahre 20/21 Jahre
2. Schulabschluss Plus 2/Pre-University	11. und 12. Schuljahr	17/18 Jahre
1. Schulabschluss Einschulung	10. Klasse 1. Klasse	15/16 Jahre 5/6 Jahre
Kindergarten/Vorschule (Pflicht) Upper KG Lower KG	 1 Jahr 1 Jahr	 4/5 Jahre 3/4 Jahre

nen, können Informationen ohne Notizen im Kopf behalten und sind in den Städten gut über die aktuelle politische und wirtschaftliche Situation unterrichtet. Millionen von »Kleinstunternehmern« am Straßenrand mit wenig schulischer Bildung haben es mit viel Improvisationsgeschick zu etwas gebracht.

▪ Kapitel 6: Arbeitsmarkt

▪ Geschichtliches

Nach der Unabhängigkeit Indiens 1947 wurde die Wirtschaft unter Premierminister Nehru neu geordnet: Im Mittelpunkt seiner Politik stand eine stark zentralisierte Wirtschaft, die von sozialistischen Ideen beeinflusst war. Nehru vertrat die Auffassung, dass die »Commanding Heights« in staatlicher Hand sein sollten. Dieses Prinzip sah vor, dass durch die Verstaatlichung von Teilen der Schwer- und Grundstoffindustrie die Schlüsselindustrien durch die Regierung gelenkt würden. Dieses Modell sollte aus indischer Sicht einen dritten Weg zwischen Kapitalismus und Sozialismus darstellen. Die Schwerindustrie sollte in staatlicher Hand liegen, während die Leicht- bzw. Konsumgüterindustrie in privater Hand blieb. Indien näherte sich damit ideologisch den sozialistischen Ländern an, blieb aber trotzdem deutlich liberaler als beispielsweise die frühere Sowjetunion. Diese Tatsache veranlasste Kanzler Adenauer anlässlich des Staatsbesuchs von Premierminister Nehru 1957 zu der Bemerkung, Nehru sei »kein verkappter Kommunist« (»Nehru nickte«, Der Spiegel, 1/1957, S. 28).

So wurden unter Nehru die Schlüsselindustrien wie Stahl und Kohle verstaatlicht. Ebenso führte er Fünfjahrespläne ein. Dem Premierminister lagen die Eigenständigkeit und die wirtschaftliche Unabhängigkeit des Landes am Herzen, deswegen legte er besonderen Wert auf die Selbstversorgung (das sogenannte »Swadeshi-Prinzip«, was übersetzt so viel bedeutet wie »aus dem eigenen Land«). Sämtliche Produkte von Gebrauchsmitteln wie Seife oder Waschmittel bis hin zu Maschinen und

Elektronikgeräten wurden in Indien für den eigenen Markt produziert. Die Regierung investierte in eine staatlich kontrollierte Industrialisierung. Die Expertise für Stahl und Eisen holte man sich aus den Vereinigten Staaten und teilweise auch aus Deutschland, wie etwa beim Bau eines der ersten Stahlwerke im ostindischen Bundesstaat Orissa, das mit deutschem Know-how errichtet wurde.

Obwohl Indien sich die erforderliche technische Expertise aus dem Ausland einkaufte, waren ausländische Investitionen nicht gewollt. Das hing vor allem damit zusammen, dass Indien unter der Kolonialherrschaft der Briten von einem der reichsten (laut Historiker William Dalrymple 22,5 % des Weltbruttosozialprodukts im Jahr 1600) zu einem der ärmsten Länder der Erde geworden war. Dieser Umstand bedeutet aber nicht, dass es nicht dennoch während der Herrschaft der Briten eine große Anzahl florierender indischer Unternehmen gab. Dazu zählte beispielsweise das erste Stahlwerk Indiens, gegründet vom Großindustriellen Tata. Nach 1947 wurde auch der Konsum der Inder durch die Einführung einer Luxussteuer und hoher Importzölle von teilweise über 200 Prozent bewusst gebremst. Dies führte automatisch zu einem niedrigen Wirtschaftswachstum. Eine 3,5 %-Wachstumsrate p. a. bei einem Bevölkerungswachstum von zwei Prozent wurde als die »Hindu-Wachstumsrate« propagiert.

Im Laufe der Jahre isolierte sich Indien immer mehr. Aufgrund eines ausgeprägten Protektionismus fehlte der Wettbewerb mit in- und ausländischer Konkurrenz. Durch ein ausgeklügeltes Lizenzsystem war praktisch jede unternehmerische Aktivität genehmigungspflichtig und indischen Privatunternehmen war es dadurch nur schwer möglich, auf schnelle Marktveränderungen zu reagieren. Die Folge war: Indien entwickelte in vielen Branchen keine internationale Wettbewerbsfähigkeit. Qualität und Preisniveau vieler Produkte konnten einem internationalen Vergleich nicht standhalten.

Aufgrund des geringen Wachstums wuchs die Unzufriedenheit über den eingeschlagenen Kurs. Bereits Mitte der 1980er Jahre gab es erste Ansätze für zaghafte Reformen, die jedoch nicht zu den gewünschten Ergebnissen führten. Im Jahr 1991 steckte Indien in einer ernsthaften Wirtschafts- und Finanzkrise. Durch den zweiten Golfkrieg 1990–1991 blieben Überweisungen indischer Gastarbeiter in den Golfstaaten an ihre Familien daheim aus. Der Iran und der Irak entfielen als wichtige Handelspartner. Plötzlich musste sich Indien zu Höchstpreisen auf den Weltmärkten mit Erdöl versorgen. Die internationale Kreditwürdigkeit Indiens sank beträchtlich, das Land trieb auf den Staatsbankrott zu.

Als sich die Krise zuspitzte, war der indische Wahlkampf im Gange. Nach den Neuwahlen im Frühjahr 1991 wurde unter Premierminister Narasimha Rao ein umfassendes Reformpaket verabschiedet, das den Vorstellungen der Weltbank und des Weltwährungsfonds entsprach. In den meisten Branchen wurde das Lizenzsystem endgültig abgeschafft, was eine verstärkte Konkurrenz zur Folge hatte. Die Einfuhrzölle, eine wichtige Einnahmequelle des indischen Staates, wurden schrittweise über die Jahre hinweg reduziert. Der Markt wurde außerdem für ausländische Investoren geöffnet. Die Genehmigungsverfahren wurden beschleunigt.

Die Liberalisierung hatte ein rapides Wachstum zur Folge, wenn auch nicht gleichmäßig in allen Sektoren. Es entstand eine freie Marktwirtschaft und damit eine Konsumgesellschaft. Die Förderung neuer Technologien und der zunehmende Export führten zu einem Fokus auf Globalisierung und dem Wunsch, weltweit zu konkurrieren.

Bis heute behält sich der indische Staat eine Intervention in einigen Schlüsselbereichen vor. Wie in anderen Ländern Asiens werden der Treibstoff subventioniert und die Preise geregelt. Ausländische Investitionen – auch Direktinvestitionen – sind heute in den meisten Sektoren willkommen. Die Obergrenzen für Beteiligungen sind flexibler geworden. Einige wenige Bereiche wie die Atomenergie, die Landwirtschaft oder die Rüstungsindustrie bleiben gesperrt für ausländisches Kapital. In anderen Sektoren wie der Erdölförderung, Banken und Versicherungen oder der Telekommunikation gibt es für ausländische Investoren Beschränkungen.

■ Die indische Wirtschaft heute

Bis zur Weltwirtschaftskrise 2008/2009 ist die indische Wirtschaft vier Jahre lang um circa 9 Prozent gewachsen (Quelle: Auswärtiges Amt). Auch danach verzeichnet sie ein Wachstum von über 6 Prozent: Durch

die Größe des Landes und die Bevölkerungszahl entsteht eine Inlands-
nachfrage, die das Wachstum vorantreibt. Der steigende Wohlstand
kommt überwiegend der städtischen Mittelschicht zugute. Der Dienst-
leistungssektor trägt am meisten zum BIP-Wachstum bei, die verarbei-
tende Industrie ist vergleichsweise von geringerer Bedeutung. Der BIP-
Anteil der Landwirtschaft sinkt, obwohl in diesem Sektor die meisten
Inder beschäftigt sind. (Seit 2005 kämpft der Staat gegen die steigende
Selbstmordrate unter Bauern.)

Wegen der regionalen Unterschiede treffen Aussagen über die indische Wirtschaft nicht überall im gleichen Maße zu. Ein Beispiel dafür
sind die Zahlen für 2009: Während Goa das höchste Pro-Kopf-Einkom-
men Indiens von über 100.000 Rupien aufwies, lag es in Bihar bei circa
11.000 Rupien. In Punjab war der landwirtschaftliche Ertrag pro Hektar
viermal höher als in Maharashtra. Andererseits war Maharashtra führend, was das BIP anbelangt.

Die Dynamik und Vielfalt der expandierenden Privatwirtschaft ist
groß: Es existieren einfache kleine Industriebetriebe wie etwa im bekannten Dharavi-Slum in Mumbai, wo beispielsweise in winzigen Familienbetrieben aus alten Kugelschreibern Plastikgranulat hergestellt
wird. Unter den vielen Familienbetrieben sind aber auch große Konglo-
merate wie Tata, die von Stahl bis Tee alles anbieten.

Neun von zehn Indern sind selbstständig. Armeen von Kleinunter-
nehmern sind täglich im ganzen Land unterwegs: Dazu gehören Hor-
den von Straßenverkäufern, Taxifahrern, Hotelanpreisern, Gepäckträ-
gern und Reiseführern an touristenträchtigen Bahnhöfen. Ihr deutlich
spürbarer Geschäftssinn ist häufig eine erste leidvolle Erfahrung für
Ausländer. Die Selbstständigkeit und der sogenannte »informelle« Sektor sind in Indien kaum geregelt. Die Rahmenbedingungen dafür sind
von außen schwer verständlich und das Gesamtbild wirkt strukturlos,
gar chaotisch.

Indien liegt in Bereichen wie Raumfahrt, Gentechnik und Rüstungsindustrie weit vorn. Auch in der Software-Branche und bezüglich der
Herstellung von Medikamenten ist Indien weltweit führend.

Bekannt ist das Land auch für seine florierende Automobil- und Au-
tomobilzulieferindustrie. Sie wird als eine der Lokomotiven des Wirtschaftswachstums bezeichnet. Interessant ist dieser Umstand auch des-

Abbildung 9: Zentrum für Informationstechnologie, Salt Lake – Sektor V, Kalkutta, Westbengalen, Juli 2008 (© Jörg Böthling)

wegen, weil weniger als zehn Prozent der erwachsenen Inder ein Auto besitzen. Damit ist ein Wachstumspotenzial vorhanden.

Für ausländische Investoren ist der indische Markt vor allem wegen der stark wachsenden Mittelschicht attraktiv. In Indien werden bereits diejenigen zur Mittelschicht gezählt, die ein Einkommen von umgerechnet 150 Euro monatlich zur Verfügung haben. Nach einer Studie der Deutschen Bank gibt es in Indien etwa 250 Millionen Inder in einer konsumfreudigen Mittelschicht. Und die Tendenz ist steigend. Einige Schätzungen gehen sogar davon aus, dass sich diese Zahl in den kommenden zwanzig Jahren noch um das Zehnfache steigern wird. Darüber hinaus kommt eine große Zahl von sehr reichen Indern hinzu: Das Land beheimatet die meisten Millionäre und Milliardäre weltweit. Allein in der Metropole Mumbai wird die Zahl der Dollar-Millionäre auf rund 70.000 geschätzt.

Der indische Markt ist sehr konsumfreudig, gilt aber als überaus eigensinnig. So erleben ausländische Investoren, deren Produkte in anderen Ländern sehr gut ankommen, in Indien immer wieder ihre Überraschungen. So kämpft beispielsweise Coca Cola seit Jahren um Marktanteile. Auch entspricht westliche Designerkleidung – besonders bei Frauen – häufig nicht dem farbenfrohen indischen Geschmack und konkurriert mit dem traditionellen Sari. Sogar McDonalds ist wie gesagt dazu übergegangen, vegetarische Burger und »aloo tikki« anzubieten, um genügend Kunden anzulocken.

■ Deutsch-indische Wirtschaftsbeziehungen

Die deutsch-indischen Wirtschaftsbeziehungen haben sich besonders seit dem Besuch der Bundeskanzlerin Angela Merkel 2007 intensiviert. Heute sind viele große deutsche Unternehmen in Indien präsent, dazu zählen Bosch, Daimler, Siemens, SAP. Auch andere namhafte internationale Firmen wie IBM, Microsoft, Volvo sind schon lange dort vertreten. Für die deutsche mittelständische Industrie wird Indien ebenfalls immer interessanter. Zunehmend investieren indische Firmen auch im Ausland.

Das deutsch-indische Handelsvolumen hat inzwischen über 13 Milliarden Euro erreicht. Man geht davon aus, dass es bis Ende 2010 auf 20 Milliarden Euro steigt. Deutschland ist Indiens wichtigster Handelspartner innerhalb der EU. Die wichtigsten deutschen Exportgüter stammen aus dem Bereich Maschinenbau. Bei indischen Exportgütern nach Deutschland liegt der Schwerpunkt im Textilbereich. Es gibt eine Reihe von bilateralen Einrichtungen, die die wirtschaftliche Zusammenarbeit unterstützen, darunter die Deutsch-Indische Handelskammer, die vor über 50 Jahren eingerichtet wurde. Der BDI (Bundesverband der Deutschen Industrie) und die DEG (Deutsche Investitions- und Entwicklungsgesellschaft) gehören auch dazu. Zwei der bedeutendsten deutsch-indischen Wirtschaftsabkommen sind das Doppelbesteuerungsabkommen von 1996 und das Investitionsschutzabkommen von 1998.

■ Die Rolle der Gewerkschaften

Noch am Ende der britischen Kolonialzeit entstanden in Indien Gewerkschaften. Die seit ungefähr 1850 von Großbritannien ausgehende Arbeiterbewegung setzte sich auch in den Kolonien, besonders in Indien, fort. Die wachsende Konkurrenz Indiens und die Angst der britischen Arbeitnehmer, ihre Arbeitsplätze zu verlieren, ermöglichten nach und nach das Entstehen der Gewerkschaften auf dem Subkontinent. Inzwischen gibt es in Indien über 60.000 Gewerkschaften, die zum Teil sehr stark sind. Auch viele ausländische Unternehmen bekommen das zu spüren. Nach dem Gesetz kann jede Firma ab einer Zahl von sieben Mitarbeitern (unter Beachtung weiterer Voraussetzungen) einen Antrag auf Eintrag in einer Gewerkschaft stellen. De facto sind aber lediglich die Herstellungsbetriebe betroffen, Softwarefirmen oder Architekturbüros etwa sind nicht gewerkschaftlich organisiert.

Die einzelnen Gewerkschaften sind meist mit einer der großen landesweit agierenden Gewerkschaften verbunden, die in der Regel von politischen Parteien gegründet worden sind. So ist beispielsweise die größte Gewerkschaft INTUC (»Indian National Trade Union Congress«) mit der Kongresspartei verbunden. Die Dachorganisation der Gewerkschaften ist für die Tarifverhandlungen zuständig. Die großen Gewerkschaften, darunter auch die der Bahn oder der Banken, haben viele Millionen Mitglieder und sind in der Lage, mit Demonstrationen oder Blitzstreiks das ganze Land lahmzulegen. Diese Blitzstreiks werden im indischen Englisch »bandh« genannt (Hindi-Wort für »geschlossen«). Ein »bandh« kann in der Zeitung angekündigt werden oder plötzlich ohne Vorwarnung entstehen.

Trotz der starken hierarchischen Ausrichtung der indischen Gesellschaft haben die Arbeitgeber nicht die Oberhand in den Diskussionen mit Gewerkschaftlern. Die Verhandlungen sind bekannt dafür, dass sie sehr hart und emotional geführt werden. Die gewerkschaftlich organisierten Arbeiter sind in der Regel sehr gut abgesichert. Es gibt klare Vereinbarungen zu Gehalt, Zulagen, Lohnfortzahlung im Krankheitsfall und vielen anderen Aspekten.

Der Kündigungsschutz ist in Indien wegen des »Industrial Disputes Act« von 1947 sehr hoch. Der Arbeitsplatzabbau über ordentliche Kündigung ist schwierig, besonders bei Unternehmen mit mehr als 100 Mitarbeitern, weil eine staatliche Genehmigung mindestens 90 Tage im Voraus eingeholt werden muss. Die wird jedoch selten erteilt. Auch bei Unternehmen mit bis zu 100 Beschäftigten ist die Kündigung der Regierung mitzuteilen. Daher wird der Abbau über Abfindungen geregelt.

Im Gegensatz dazu genießen Angestellte in kleineren Unternehmen weniger Schutz. Da indische Firmen aber in der Regel sehr loyal sind, werden langjährige Mitarbeiter nur selten entlassen. Außerdem ist es beispielsweise üblich, dass Angestellte auch dann in schwierigen Situationen (etwa bei Familienkrisen) unterstützt werden, wenn sie keinen Rechtsanspruch darauf besitzen. Langjährige Mitarbeiter in Kleinbetrieben sind auch oft bereit, in schlechten Zeiten vorübergehend ohne Geld zu arbeiten. Am wenigsten abgesichert ist der gewerkschaftlich ungeschützte Privatsektor. Hausangestellte oder Tagelöhner sind vom Wohlwollen ihres Arbeitgebers völlig abhängig.

◼ Rechtliche Rahmenbedingungen

Der indische Arbeitsmarkt ist unübersichtlich geregelt, nicht zuletzt wegen der hohen Zahl der Selbstständigen und Beschäftigten im sogenannten »informellen Sektor« (92 %). Das bedeutet, dass Rahmenbedingungen wie Bezahlung, Arbeitszeit, Urlaub, Krankengeld, Rentenanspruch sehr stark variieren bzw. zum Teil überhaupt nicht festgelegt sind. Kleinstunternehmen (»micro industry«) oder auch Baustellen verzichten auf schriftliche Verträge. Mitarbeiter werden über das Netzwerk von Verwandten/Bekannten ausgesucht, daher bestehen Vereinbarungen lediglich auf Vertrauensbasis und eine schriftliche Absicherung wird nicht für notwendig erachtet.

Indische Arbeitnehmer im geregelten Bereich haben meist eine 46-Stunden-Woche mit einer Arbeitszeit von 5,5 bis sechs Tagen. Der freie Wochentag bleibt dem jeweiligen Unternehmen überlassen. Im Angestelltensektor oder bei Dienstleistern mit einer Arbeitszeit von sieben Tagen mit jeweils 24 Stunden ist Schichtarbeit die Regel. Zwei Wochen bis 20 Tage Urlaub sind üblich, obwohl nicht alle Arbeitnehmer die Urlaubstage nehmen, die ihnen zustehen. Die Haltung zum Urlaub ist eine andere als in Europa: Die freien Tage werden nicht als Anspruch verstanden, sondern vielmehr als Sonderleistung des Unternehmens, um familiären Verpflichtungen nachkommen zu können. Bei der urbanen Mittelschicht, die immer reisefreudiger wird, findet diesbezüglich ein Prozess des Umdenkens statt.

Ein indisches Unternehmen ist traditionell wie eine Familie organisiert. Der Arbeitgeber übernimmt dabei den Schutz und die Fürsorgefunktion wie ein Vater. Industrielle wie beispielsweise Tata haben vor hundert Jahren Unterkünfte, Schulen und Krankenhäuser für ihre Arbeiter gebaut. Heute lässt sich dieses Prinzip in den Städten so nicht mehr aufrechterhalten. Dennoch ist die Verantwortung des Arbeitgebers im Alltag groß. So sind in vielen Firmen beispielsweise kostenlose Kantinenessen, Firmenbusse, die die Arbeitnehmer abholen, Betriebssport und andere Aktivitäten üblich. Bei einer Nachtschicht werden die Frauen aus Sicherheitsgründen in firmeneigenen Kleinbussen befördert.

Bekanntlich sind die Gehälter in Indien viel niedriger als in Westeuropa. Dabei sollen aber einige Punkte mit berücksichtigt werden:
– Sie steigen viel schneller als in Deutschland, bis 25 Prozent p.a. je nach Branche.
– Gehälter im oberen Management nähern sich denen in Europa an.
– Aus steuerlichen Gründen macht das Grundgehalt nur etwa 50 bis 60 Prozent der Vergütung aus. Der Rest entfällt auf Sonderleistungen.

Sonderleistungen spielen eine große Rolle bei der Vergütung in Indien und werden bei der Arbeitssuche berücksichtigt. Zu ihnen gehören nicht nur Kranken- und Unfallversicherung und Gewinnbeteiligung, sondern auch oft Fahrgeld, Zulagen bei steigenden Lebenskosten, Mietzuschüsse oder Schulgeld für die Kinder. Manager erwarten vom Arbeitgeber beispielsweise eine Wohnung, einen Firmenwagen (oft mit Fahrer), eine Lebensversicherung und Eigenheimdarlehen.

Für Expats gelten in der Regel die Vergütung und Sonderleistungen, die vertraglich festgelegt sind. Dabei ist zu berücksichtigen, dass der Mietspiegel in größeren indischen Städten unverhältnismäßig hoch ist. Bei der Besteuerung gilt das deutsch-indische Doppelbesteuerungsabkommen. Wenn ein zeitlich zusammenhängender Aufenthalt von 183

Tagen unterschritten ist, entfällt die Besteuerung in Indien, falls die Ver-
gütungen allein vom Arbeitgeber in Deutschland bezahlt werden. Bei
steuer- und arbeitsrechtlichen Fragen ist ein Fachmann zu konsultieren.

Ein Blick auf völlig ungesicherte Baustellen (wo die Kleinkinder der
Arbeiterinnen oft spielen) kann zu der Annahme verleiten, dass es in
Indien gar keine Sicherheitsbestimmungen gibt. Das Problem liegt eher
an dem mangelnden Sicherheitsbewusstsein als an fehlenden Bestimmungen, sowohl auf Arbeitnehmer- als auch Arbeitgeberseite.

Es gibt eine Reihe von als strikt geltenden indischen Arbeitsgesetzen,
teils überregional und teils regional. Was oft fehlt, ist eine systematische
Kontrolle. Weil keine ausreichende Zahl von Prüfern, beispielsweise
»factory inspectors«, vorhanden ist, erfolgen Kontrollen eher sporadisch. Die Sonderwirtschaftszonen (»SEZ«) bilden eine Ausnahme.

> Tipp: Trotz der scheinbaren Nachlässigkeit der indischen Behörden ist es
> ratsam, sich an das Arbeitsrecht zu halten.

■ Der Arbeitskräftemarkt

> »Erfolgreiche Menschen in Indien machen sich
> immer früher oder später selbstständig.«
> Balachandran, indischer Unternehmer

Das Angebot an Arbeitskräften ist in allen Bereichen aufgrund der hohen Bevölkerungszahl auf dem indischen Markt riesig. Der Vorteil für
die Arbeitgeber liegt vor allem in der damit verbundenen Flexibilität:
Bei kleineren Unternehmen werden Arbeiter tage- oder wochenweise
angeheuert. Auch bei städtischen Baumaßnahmen werden Arbeiter
nach Bedarf beschäftigt. Bei der Überschreitung einer bestimmten Be-
schäftigungsdauer haben Kurzzeitarbeiter das Recht auf ein ordentli-
ches Beschäftigungsverhältnis.

Die indische Lösung für viele Probleme ist die Beschäftigung von zu-
sätzlichen Arbeitskräften. Das zeigt auch folgendes Beispiel. Von einer
Baustelle fielen immer wieder Teile in den Garten des benachbarten
Hauses. Als der Hausbewohner protestierte, gab es eine schnelle Lösung:
Anstatt die Baustelle besser zu sichern, wurde ein Aufpasser eingestellt,

der den ganzen Tag im Garten des Nachbarn auf einem Hocker saß, um die heruntergefallenen Teile wegzuräumen. Dies war in diesem Fall die einfachste und billigste Lösung.

Aus deutscher Sicht ist eine unverhältnismäßig große Zahl von Arbeitern mit jeder Aufgabe beschäftigt. Um eine Wand zu streichen, erscheinen beispielsweise drei Leute: Einer streicht, einer – meistens sehr jung – hält den Eimer und rührt, der Dritte hat die Aufsicht. Manche größeren Firmen und Geschäfte verstehen es als soziale Aufgabe, Leute ohne Chancen auf dem Arbeitsmarkt einzustellen, beispielsweise um Unkraut zu jäten oder die Tür für Besucher aufzuhalten.

Aufgrund der Alterspyramide und der Anzahl der Hochschulabsolventen ist es nicht schwierig, junge Arbeitskräfte zu rekrutieren. Die Anzahl der Bewerber pro Stellenausschreibung ist so groß, dass Firmen »Walk-in«-Vorstellungsgespräche in Hotels anbieten. Dagegen ist es etwas schwieriger, wenn man erfahrene Kräfte für das obere Management sucht, besonders in den neueren Technologien wie IT. Bis zum Krisenjahr 2009 führte die steigende Nachfrage nach qualifizierten Mitarbeitern insgesamt zu einer hohen Fluktuationsrate (13–15 %), der Arbeitgeber mit Anreizen entgegensteuern mussten. Die Rate ist zwar gesunken, aber Leistungsträger sind nach wie vor begehrt und wechseln laut Studien am ehesten im Alter zwischen Ende zwanzig und Mitte dreißig die Stelle. Hinzu kommt, dass viele Inder sich gern dann selbstständig machen, wenn sie für den Arbeitgeber besonders wertvoll sind.

Die indischen Metropolen als Arbeitgeber

>»Das größte Problem indischer Städte ist nicht Armut,
> sondern unkontrolliertes Wachstum.«
> S. Menon, Entwickler

Basierend auf ihrer Bevölkerungszahl, Infrastruktur, Kaufkraft werden indische Städte offiziell nach Tier (engl.: Rang) I, II oder III klassifiziert. Zu Tier I zählen Städte wie Mumbai, Delhi, Chennai und Bangalore. Sie sind am besten entwickelt und werden »Metros« genannt. Gleichzeitig sind sie teuer und überfüllt. Es existieren keine exakten Bevölkerungszahlen für die Städte. Ein Beispiel ist die Stadt Neu-Delhi, deren Ein-

Abbildung 10: S-Bahn-Verkehr zwischen dem Zentrum und den Vororten Mumbais, Maharashtra, Januar 2007 (© Jörg Böthling)

wohnerzahl jährlich um circa 100.000 steigt. Außerdem kommen eine Million Pendler aus dem Umland täglich zur Arbeit. Das starke Wachstum führt zur Überlastung der Straßen, der Wasserversorgung und der öffentlichen Verkehrsmittel.

Um die Situation zu entlasten, gibt es seit dem Jahr 2000 überall ausgewiesene Industrieparks und Sonderwirtschaftszonen (SEZ, »Special Economic Zones« genannt) mit investitionsfreundlichen Regelungen, Steuervorteilen und der entsprechenden Infrastruktur (etwa Zolleinrichtungen vor Ort). Noida und Gurgaon bei Delhi sind bekannte Beispiele. Die Grundregelungen für die SEZ werden vom Staat festgelegt, die Erteilung bestimmter Genehmigungen bleibt dem jeweiligen Bundesstaat überlassen.

In einer neuen SEZ werden neben den Vorteilen der Ruhe und besseren Luft auch die Nachteile deutlich: Die große Kluft zwischen Stadt und Land kommt klar zum Vorschein. Die Infrastruktur ist noch nicht ausreichend ausgebaut, es gibt längere Transportwege in die nächste

Großstadt und eine mangelnde Bereitschaft qualifizierter, urbaner Inder, in die entlegenen Gebiete umzuziehen.

Der bürokratische Aufwand in einer kleineren SEZ ist für ausländische Arbeitgeber häufig größer: So erwarten westliche Firmen oft Altersnachweise in Form einer Geburtsurkunde. In den ländlichen Gegenden Indiens wissen jedoch viele nicht einmal genau, wie alt sie sind. Daher werden zeitraubende Verfahren erforderlich, wie etwa ein Schreiben vom örtlichen Friedensrichter mit angenommener Altersangabe.

Die bereits länger bestehenden SEZ wie Noida bei Delhi sind inzwischen eigenständige Städte geworden. Sie bieten eine gute Infrastruktur mit Schulen, Krankenhäusern, Restaurants und Einkaufsmöglichkeiten. Durch das starke Wachstum entstehen paradoxerweise großstadtähnliche Preise und Lebensbedingungen, die man mit der Auslagerung eigentlich hatte vermeiden wollen.

Für ausländische Investoren ist es sehr wichtig, den passenden Standort zu suchen. Wie in Kapitel 1 erwähnt, sind die regionalen politischen Unterschiede zwischen den einzelnen Bundesstaaten sehr groß. Westbengalen im Nordosten und Kerala im Südwesten beispielsweise werden beide von investitionsfreundlichen Kommunisten regiert, sind aber trotzdem sehr unterschiedlich. Sogar ein erfahrener Industrieller wie Ratan Tata musste 2008 seinen Standort für das Nano-Kleinauto in Westbengalen aufgeben, weil Oppositionelle und Bauern protestierten und ihr Land zurückverlangten, nachdem der Autobauer 236 Millionen Euro in das Werk investiert hatte.

Ebenso sind der Bildungsgrad potenzieller Arbeitnehmer, die Wohnqualität, die Arbeitsmoral und die Infrastruktur regional sehr unterschiedlich und sollten bei der Standortwahl berücksichtigt werden. Die Anzahl der SEZ und anderer Industrieparks verändert sich stetig. Einigen, die weniger gut laufen, wurde inzwischen die Genehmigung entzogen. Ebenso verändern sich die Regeln, Steuerbegünstigungen und Rahmenbedingungen ständig. Daher sollten sich Interessenten unbedingt nach der jeweils aktuellen Lage an jedem Standort erkundigen. Ohne Unterstützung inländischer Experten ist das kaum zu bewerkstelligen.

■ Kapitel 7: Arbeitskultur

»Man muss daran denken, dass indische Firmen indische
Firmen sind, egal wie international sie aussehen mögen . . .«
Paul Davies, Wirtschaftsberater

Bei deutschen Geschäftsleuten, die das erste Mal in einem indischen
Büro sind, kann leicht der Eindruck entstehen: »Das sieht hier ja aus wie
bei uns.« Schließlich besitzen die Büros häufig große Ähnlichkeiten mit
dem eigenen in Europa. Dies ist besonders bei Tochtergesellschaften von
westlichen Firmen der Fall: Die Großraumbüros sind klimatisiert, Kon-
ferenzräume sind ausgestattet wie zu Hause, die Mitarbeiter sind west-
lich gekleidet und im Besitz modernster Handys und Computer. Auch
die neuen Fabrikhallen werden nach den Standards der Muttergesell-
schaft ausgestattet. Allerdings sind dies nur Äußerlichkeiten. Je länger
jemand in Indien bleibt, umso mehr spürt er das typisch Indische des
Unternehmens (→ siehe dazu Kapitel 4).

■ Der indische Vorgesetzte

»Großzügigkeit – nicht im Sinne von Verschwendung, sondern in Bezug
auf Fehler – und die Bereitschaft zu helfen sind äußerst wichtig.«
Arun Gairola, Professor und Wirtschaftsberater, zum Thema
»Eigenschaften für gute Führung in Indien«

Das Hierarchiedenken ist in Indien auch im Geschäftsalltag klar erkennbar. An Auftreten, Stimme und Körperabstand lässt sich Hierarchie
auf den ersten Blick ablesen: Bereits beim Betreten eines Raumes ist

sofort ersichtlich – auch am Verhalten der anderen Anwesenden –, wer hier das Sagen hat.

Die Hierarchie ist in der Firma auch formell verankert: Die Gehaltsstrukturen weisen eine große Spanne auf. Ein Blick auf das Organigramm zeigt eine Vielzahl von Hierarchieebenen, die in Deutschland unvorstellbar sind. Es gibt fest definierte Privilegien je nach Hierarchieebene: Dazu gehören beispielsweise separate Kantinen, Firmenhandys oder auch der Internetzugang. So hat in einem indischen Unternehmen die technische Ausrüstung eines Arbeitsplatzes mehr mit der Hierarchie als mit der Funktion zu tun. Es gab beispielsweise bei einer Firma erboste Debatten in den höheren Ebenen, als Außendienstmitarbeitern auf Geschäftsreisen Firmennotebooks zur Verfügung gestellt wurden. Die Notebooks waren zwar für die Arbeit zwingend notwendig, aber sie waren bislang ein Privileg der Managerebene gewesen.

Der Bedeutungsgrad der Hierarchie in indischen Unternehmen ist abhängig von der Branche. So ist sie in den vergleichsweise jungen Branchen wie etwa der Softwareindustrie, im Handysektor oder in der Werbebranche deutlich weniger ausgeprägt. In diesen Betrieben ist der Chef auf Teamleiterebene oft ein »Erster unter Gleichen«. In den Staatsunternehmen dagegen ist die Hierarchie viel stärker ausgeprägt. Dies führt im Gegenzug dazu, dass sich häufig niemand für etwas zuständig fühlt. Besonders bei Behörden wird jede Tätigkeit möglichst weiterdelegiert.

Das starke Hierarchiebewusstsein führt dazu, dass die Motivation der Mitarbeiter schnell leidet, wenn sie nicht innerhalb von kurzer Zeit befördert werden. Mangelnde Aufstiegschancen sind der meistgenannte Grund für die hohe Fluktuation in Indien.

Von einem indischen Chef wird viel erwartet. Seine Rolle ist mit dem Begriff »Rajrishi« (»Raja« = Herrscher und »Rishi« = Weiser) verbunden, das bedeutet, dass diese Person autoritär und fürsorglich zugleich ist. Ein Chef trifft in Indien Entscheidungen oder delegiert klar definierte Aufgaben an seine Mitarbeiter. Mitarbeiter fügen sich. Es ist nicht üblich, dass die Entscheidungen des Chefs hinterfragt werden.

Delegiert ein Chef Aufgaben an seine Mitarbeiter, so ist der Vorgesetzte auch dafür verantwortlich, dass die Angestellten in der Lage sind, ihre Aufgaben zu erledigen. Der Chef erklärt bei Bedarf, an welcher Stelle und bei wem die Mitarbeiter Unterstützung und Hilfe bekommen können.

Beim ersten Mal begleitet der Vorgesetzte idealerweise den Angestellten Schritt für Schritt bei der Erledigung der Arbeit. Dieses Vorgehen unterscheidet sich grundlegend von der Praxis in deutschen Unternehmen, wo ein selbstständiges Erledigen und Umsetzen der Aufgabe von den Kollegen erwartet wird. In Indien wird das regelmäßige Nachfragen zum Arbeitsfortschritt nicht als Kontrolle, sondern als Unterstützung (»involvement«) aufgefasst und sogar begrüßt. Diese enge Bindung zum Vorgesetzten führt dazu, dass indische Mitarbeiter Schwierigkeiten mit Matrix-Strukturen haben.

Tipp: Klar definierte Zuständigkeiten erleichtern die Arbeit in Indien.

Der Vorgesetzte ist gleichzeitig auch Informationsmanager. Er wird in alle E-Mails (cc) einbezogen. Wichtige Informationen können nur in Absprache mit dem Chef verteilt werden. Die bereits erwähnte Beziehungsorientierung hat zur Folge, dass ein indischer Chef einen großen Aufwand zur Teampflege betreiben muss. Von ihm werden nicht nur im Berufsumfeld väterliche Fürsorge und Betreuung erwartet. Er ist auch über das Privatleben seiner Mitarbeiter gut informiert und wird zu Hochzeiten und größeren Familienfesten eingeladen.

Darüber hinaus hat der Chef die Rolle »des Weisen«, der für das Mentoring und die Betreuung seiner Mitarbeiter zuständig ist. Eines der größten Komplimente, die ein Angestellter ihm machen kann, lautet: »Ich habe von ihm so viel gelernt.« Damit ist nicht nur Fachwissen gemeint. Er wird auch bei familiären oder finanziellen Problemen mit einbezogen. Manche Mitarbeiter ziehen ihren Chef sogar bei der Auswahl des passenden Ehepartners hinzu. Dies wird allerdings in den Großstädten immer seltener.

In indischen Teams entstehen häufig untereinander konkurrierende Cliquen mit Ingroups und Outgroups. Die Herausforderung für einen guten Vorgesetzten besteht darin, die einzelnen Cliquen in das Team zu integrieren, damit die Teamziele im Fokus bleiben. Er übernimmt in vielen Fällen die Aufgaben eines Betriebsrats, wenn er interne Konflikte regelt.

In Indien werden ältere Vorgesetzte bevorzugt. Von ihnen wird erwartet, dass sie Verständnis für die Fehler und Probleme der Mitarbeiter haben und dabei gleichzeitig charismatisch und visionär sind. Im Gegenzug sind indische Angestellte uneingeschränkt loyal. Nichts demonstriert diese Loyalität besser als die Reaktionen der Beschäftigten bei dem IT-Erfolgsunternehmen »Satyam« Anfang 2009. Als der Firmenchef Ramalinga Raju wegen Bilanzmanipulationen zurücktreten musste, gab es Blumen und Unterstützungsbekundungen seitens seiner Mitarbeiter mit »Wir sind für Sie«, »Wir glauben an Sie«, »Verlieren Sie nicht den Mut« auf Plakaten. Ihre Dankbarkeit ihm gegenüber als gutem Arbeitgeber ging vor. Andersherum gab es 2009 folgenden Fall bei Jet Airways: Der Vorsitzende der Fluglinie, Naresh Goyal, revidierte die Entscheidung, wegen der Wirtschaftskrise 1900 Mitarbeiter zu entlassen, mit den Worten: »Ich konnte nachts nicht schlafen. Es hat mich erschüttert, die Tränen in ihren [der Mitarbeiter] Augen zu sehen.«

■ Der deutsche Vorgesetzte

Wenn Deutsche als Führungspersonen nach Indien entsandt werden, sollte darauf geachtet werden, dass sie den menschlichen Anforderungen ihrer Rolle gerecht werden. Technische und betriebswirtschaftliche Kompetenz allein reichen nicht aus. Viele Inder fühlen sich anfangs von der Fremdartigkeit eines deutschen Chefs eingeschüchtert: Wenige Inder waren jemals im Ausland.

Es ist sehr empfehlenswert, dass sich Deutsche mit der indischen Vorstellung von Führung auseinandersetzen, da es sonst leicht zu Missverständnissen kommt. Da man in Deutschland viel Wert auf selbstständiges Arbeiten legt, werden die Nerven des Expats anfangs wahrscheinlich durch den hohen Zeitaufwand für das Betreuen von Mitarbeitern strapaziert. Umgekehrt wird der Deutsche wegen seiner vermeintlichen Arbeitswut und daraus resultierendem Zeitmangel häufig als kühl und unnahbar erlebt. Als sehr positiv wird es wahrgenommen, wenn der deutsche Vorgesetzte sich zu Beginn seines Aufenthaltes Zeit für einen Rundgang durch die Fabrikhalle/Abteilung und für persönliche Gespräche nimmt.

Die Lösung der meisten Probleme in Indien liegt im Beziehungsmanagement. Der indische Mitarbeiter arbeitet in erster Linie, um seinen Vorgesetzten zufrieden zu stellen, nicht um seine Aufgaben perfekt zu

Abbildung 11: Einweihung und Segnung der neuen Büroräume eines deut-schen Unternehmens für erneuerbare Energien mit einer Hindu-Zeremonie, Bangalore, Karnataka, Februar 2006 (© Jörg Böthling)

erledigen. Wenn der Vorgesetzte explizit vorgibt, dass selbstständiges Arbeiten erwünscht ist, ist der indische Mitarbeiter gewillt und mit der Zeit in der Lage, es ihm zu bieten. Dabei sollte nicht vergessen werden, dass regelmäßige Kommunikation und Lob Anerkennung signalisieren, die für das Wohlergehen der Mitarbeiter unerlässlich ist. Kommunika-tion über Hierarchieebenen kann nur vom Vorgesetzten initiiert wer-den.

Das Verhalten eines Chefs wird in Indien genauestens beobachtet und analysiert. Gerüchte, beispielsweise, dass der Chef schlecht gelaunt ist, wenn er sein blaues Hemd trägt, sind Teil des Mythos »Chef«. Der ausländische Vorgesetzte gewinnt vor allem an Akzeptanz, wenn seine Sympathie für Indien erkennbar ist. Eine Vorliebe für indisches Essen, die Bereitschaft, mit den Fingern zu essen, oder Zitate aus den heiligen indischen Schriften bei Reden werden positiv bewertet. Wichtig ist auch die Teilnahme an den diversen traditionellen/religiösen Feiern inner-halb der Firma, wie etwa der rituellen Einweihung von Anlagen.

Ein Vorgesetzter sollte zumindest in der Öffentlichkeit keine erkennbaren Vertrauenspersonen haben, auf deren Meinung er besonders viel
Wert legt. Als »Vater« hat er die Pflicht, unparteiisch zu sein und alle
»Familienmitglieder« gleich zu behandeln. An kleineren Standorten hat
der Chef einer größeren Firma auch viele repräsentative Aufgaben zu
erfüllen, wie etwa der Eröffnung eines Neubaus der örtlichen Schule
beizuwohnen. Damit wird zwar die Freizeit knapper, aber der Stolz der
Mitarbeiter beim Anblick des Fotos in der Zeitung gleicht dies häufig
wieder aus.

Tipp: Zu empfehlen ist eine »Kick-off-Veranstaltung«, bei der sich der Chef
persönlich vorstellt und die Gelegenheit nutzt, gemeinsame Ziele zu klä-
ren.

Zusammengefasst ist die sogenannte 3-F-Formel »Führen, Fordern und
Fürsorgen« das Erfolgsrezept bei indischen Mitarbeitern.

■ Mitarbeitermotivation

> »Mitarbeiter verlassen die Firma, weil die Vorgesetzten
> die Psychologie der Arbeitszufriedenheit nicht verstehen.«
> Timothy Butler, Managementforscher

Die vorangegangenen Seiten haben gezeigt, welche Bedeutung der Vorgesetzte für die Motivation der Mitarbeiter hat. In Verbindung mit der
Statusorientierung der indischen Gesellschaft ist es nachvollziehbar,
dass Mitarbeiter hierarchisch weiterkommen wollen.

Die Rahmenbedingungen wie Ansehen der Firma, das Gehalt und
zusätzliche Leistungen spielen eine wichtige Rolle bei der Suche nach
einem Arbeitsplatz. Die Mitarbeiter werden langfristig an ein Unternehmen gebunden, wenn Aufstiegschancen vorhanden sind. Darüber
hinaus möchten sie Fürsorge und klare Anweisungen bekommen, und
auch die Möglichkeit der persönlichen Entwicklung durch Mentoring,
Fortbildungen oder Auslandsaufenthalte. Generalisten werden in Indien eher geschätzt als Spezialisten. Inder sind daher bemüht, sich ein
breites Wissen anzueignen. Deswegen empfiehlt es sich, ihnen Zusatz-

ausbildungen anzubieten, die sich gut im Lebenslauf machen. Damit junge Inder nicht das Interesse an ihrer Aufgabe verlieren, sollten sie auch im Unternehmen Möglichkeiten zur beruflichen Veränderung bekommen, die im besten Fall auch mit einer finanziellen Belohnung verbunden sind. Anreize und Belohnungen für Leistungsträger können kleiner ausfallen, wenn sie in kurzen Intervallen erfolgen, beispielsweise gleich nach einem erfolgreichen Projektabschluss oder jeden Monat.

Die Familienorientierung der Mitarbeiter sollte auch berücksichtigt werden, um sie an die Firma zu binden. In indischen Firmen sind Betriebsausflüge für die ganze Familie keine Seltenheit. Bei einer ernsthaften Erkrankung oder einem Todesfall in der Familie eines bewährten Mitarbeiters wird ein persönlicher Besuch vom Vorgesetzten erwartet.

Loyalität in Indien entsteht erst durch die Beziehung zu den Menschen, nicht zum Unternehmen. Neben dem Vorgesetzten spielen auch die Kollegen eine wesentliche Rolle. Kollegen werden oft als »Freunde« bezeichnet, auch wenn das nicht immer der deutschen Vorstellung von Freundschaft entspricht. So entsteht schnell ein positives Betriebsklima. Mitarbeiter, die das Gefühl haben, nicht auch als Mensch wahrgenommen zu werden, ziehen sich innerlich von der Arbeit zurück.

Um diese innerbetrieblichen Beziehungen zu fördern, bieten viele indische Firmen Freizeitaktivitäten wie Wochenendausflüge (selbstverständlich mit der Familie) oder Talentshows an, bei denen die Mitarbeiter mit Gesang und Tanz auftreten können. Firmenanlässe werden gemeinsam gefeiert, so etwa der Geburtstag des Firmengründers, das Erreichen bestimmter Ziele (Produktion der 10.000sten Pumpe) oder ein besonders gutes Jahresergebnis. Dabei entsteht eine heitere Stimmung, die in Deutschland nur privat zu erleben ist.

Tipp: Wenn man die Mitarbeiter für die erwünschte Vorgehensweise gewinnt, lassen diese im Gegenzug nichts unversucht, Firmenziele zu erreichen.

◼ Kommunikation im Berufsleben

>»Kommunikation hat weniger mit dem Senden von
>Botschaften zu tun als mit dem Auslösen von Reaktionen.«
>Edward T. Hall, Kulturwissenschaftler

In Indien wird, wie in Kapitel 4 erwähnt, auch während der Arbeit viel Zeit in die Kommunikation mit dem Vorgesetzten und den Kollegen gesteckt. Die Gespräche dienen der Entwicklung eines positiven Betriebsklimas und dem Austausch von relevanten Informationen. Regelmäßige Kommunikation ist auch von einem praktischen Standpunkt aus unerlässlich. Die größte Herausforderung in der indischen Kommunikation ist der Umgang mit negativen Botschaften. Da Probleme oder Verzögerungen nicht sofort kommuniziert werden, muss das »Holschuldprinzip« angewandt werden. Durch regelmäßige Statusberichte können einige Informationen eingeholt werden. Es ist zu beachten, dass der Optimismus und das Harmoniebedürfnis in Indien oft dazu führen, dass die Berichte positiver ausfallen, als es den Deutschen lieb ist. Deswegen bleibt die informelle Kommunikation ein wertvolles Mittel zur Analyse des laufenden Vorgangs, weil man durch Nachfragen ein genaueres Bild der Lage erhält. Wenn man es zulässt, wird in Indien häufiger und ausführlicher kommuniziert als in Deutschland.

◼ Ja und Nein

>»Bei uns ist ein ›Vielleicht‹ eher ein ›Nein‹ als ein ›Ja‹.«
>Rajkumar, Softwareingenieur

In Indien erfolgt Kommunikation eher kontextbezogen und indirekt (→ Kapitel 4). Die klare Trennung in Deutschland zwischen Ja und Nein wirkt auf Inder befremdlich. Aus der indischen Perspektive gibt es differenzierte Grade der Zustimmung dazwischen, die von einem Jein unzureichend abgedeckt sind.

Ein klares Nein ist eine Negativbotschaft und klingt unhöflich für indische Ohren. Hinzu kommt, dass es Rollen im Berufsumfeld gibt, die ein Nein fast unmöglich machen: Der Respekt vor Seniorität verbietet es dem Mitarbeiter, Nein zu seinem Chef zu sagen. Wenn ihm etwas abverlangt wird, so die Sicht, dann sicherlich, weil es zu seinen Aufgaben gehört und der Chef es ihm zutraut.

Einem Kollegen darf man keine Bitte abschlagen, weil dadurch die Unterstützungspflicht einem Freund gegenüber verletzt wird. Es kommt häufig vor, dass man die eigene Arbeit zurückstellt, um den Kollegen bei seinem Anliegen zu unterstützen. Allerdings beinhaltet das indische Ja eher die Bereitschaft, etwas zu tun, als die tatsächliche Machbarkeit. Ein klares Nein wird häufig als Unlust oder Unwilligkeit ausgelegt. Daher haben Inder eine Reihe von Kommunikationswegen, um dieses Nein indirekt zu signalisieren. Das wird auch von anderen Indern verstanden.

Eine gängige Vorgehensweise ist eine Schilderung der Lage, damit der Gesprächspartner daraus ein Nein ableiten kann. So wird beispielsweise auf die Frage, ob die Dokumentation morgen fertig wird, geantwortet: »Der zuständige Sachbearbeiter ist seit zwei Wochen krank.«

Damit wird der Grund für die mögliche Nichteinhaltung genannt. Andere Arten von Nein sind: »Ja, aber . . .« oder eine Aussage, die den guten Willen in den Vordergrund stellt, ohne sich auf das Ergebnis festzulegen. Beispiele dafür sind: »I'll try my very best« (ich werde mein Bestes tun) oder »We'll surely do it if it's possible« (wenn es möglich ist, wird es gemacht), »I will see . . .« (ich werde mich bemühen).

Neben dem Kopfnicken (Ja) und Kopfschütteln (Nein) gibt es das bekannte indische »Kopfwackeln«, das besonders im Süden und Westen Indiens weit verbreitet ist. Es drückt Zustimmung aus (»klar, geht in Ordnung«). Nur wenn es zaghaft ausfällt, ist es ratsam, die Ausführung der Anweisung zu hinterfragen. Die Körpersprache ist wichtig, um die Botschaft richtig zu verstehen.

Tipp: Bei einer »Ja-Nein-Problematik« ist es ratsam, offene (so genannte W-Fragen: wer, was, wann, wo, warum etc.) zu stellen.

■ Umgang mit Kritik

Die oft zitierte indische Harmoniebedürftigkeit kann auch zu der Annahme führen, dass in Indien lediglich Freundlichkeiten ausgetauscht werden. Das ist natürlich nicht der Fall. Indische Vorgesetzte können unter Umständen bei Kritik noch deutlicher werden als deutsche. Es gibt bei einem kritischen Feedback vier Aspekte zu beachten:
– Wie oft wird Kritik geübt?
– In welchem Verhältnis zu Lob steht die Kritik?
– Wie wird sie ausgedrückt?
– Bekommen andere etwas davon mit?

Wenn allgemein wenig kommuniziert oder gelobt wird, fühlt sich ein indischer Mitarbeiter sehr betroffen. Die optimale Grundvoraussetzung für Kritik ist eine vertrauensvolle Beziehung, in der die indische Seite davon ausgehen kann, dass der Kritiker ihr gegenüber grundsätzlich wohlwollend eingestellt ist. Wenn das Gleichgewicht zwischen Lob und Tadel nicht gestört ist, ist Kritik unproblematisch.

Eine kurze, knappe, sachliche Kritik ist in Indien wenig effektiv. Ideal ist das bekannte Sandwichprinzip: mit etwas Neutralem, Freundlichem anfangen (beispielsweise nach dem Wohlergehen fragen, sich für die getane Arbeit bedanken), dann zum Kritikpunkt übergehen und den Abschluss freundlich gestalten (etwa mit dem Satz »Wenn Sie Hilfe benötigen, können Sie jederzeit zu mir kommen«). Es sollte darauf geachtet werden, dass die Kritikpunkte ausführlich und systematisch besprochen und durch möglichst konkrete Verbesserungsvorschläge ergänzt werden.

Wenn Kritik vor anderen geäußert wird, wird dies als taktlos empfunden, weil dadurch Gesichtsverlust entsteht. Die indische Seite fühlt sich »entblößt«. Daher ist es bei E-Mails besonders wichtig, sich taktvoll auszudrücken. Für den indischen Leser signalisieren knapp formulierte Mails mit Ausrufezeichen Wut und Ungeduld. Überhaupt werden Mails in Indien von vielen gelesen und sind Teil der öffentlichen Kommunikation. Ein Telefonat dagegen gehört eher zur Privatsphäre. Ein Kritikgespräch unter vier Augen ist optimal.

Mit einem gelegentlichen Wutausbruch kann ein indischer Mitarbeiter umgehen, wenn er die Führungskraft als warmherzigen Menschen wahrnimmt. Nach einem derartigen Vorfall ist es aber wichtig, baldmöglichst zu signalisieren, dass der Sturm vorüber ist. Dazu ist nur freundliche Alltagskommunikation notwendig, keine explizite Entschuldigung. Mit offenen Emotionen können Inder in der Regel besser umgehen als mit kühler, kritischer Sachlichkeit.

Für Deutsche ist die Emotionalität der indischen Mitarbeiter in Mitarbeitergesprächen und bei Leistungsbeurteilungen eine Herausforderung. Gefühlsbetonte Rechtfertigungen oder gar Tränen sind keine Seltenheit. Traditionelle indische Chefs umgehen das Problem, indem sie fast allen Mitarbeitern ähnlich positive Beurteilungen ausstellen. Danach werden mehr oder minder »inoffizielle« Empfehlungen an die nächsthöhere Instanz weitergeleitet. Moderne indische Firmen möchten es eindeutiger gestalten. Zu diesem Zweck werden sowohl Mitarbeiter als auch Vorgesetzte geschult, Beurteilungsgespräche zu führen. Die Erfahrung zeigt, dass dies wirksam ist. Eine Möglichkeit, den Schmerz einer kritischen Beurteilung zu mildern, ist das Anbieten von Weiterbildungsmaßnahmen. Ein indischer Mitarbeiter kann sonst von einem unsensibel gestalteten Kritikgespräch oder einer Beurteilung so demotiviert werden, dass danach die innere Kündigung eintritt.

■ Management im Alltag: Regeln durchsetzen

Beim Betrachten des Straßenverkehrs in Indien könnte man annehmen, dass in jedem Inder ein Anarchist schlummert. Das hat aber mit der mangelnder Personifizierung der Regeln zu tun. Von einer unpersönlichen Behörde erstellte Regeln dürfen im Alltag unbeachtet bleiben, wenn nicht mit einer Strafe zu rechnen ist. Firmenregeln vom Chef dagegen werden eher ernst genommen. Um jedoch sicherzugehen, dass eine neue Vorschrift eingehalten wird, ist es in Indien unerlässlich, sie unmissverständlich bekanntzugeben (am besten durch die Führungskraft). Danach muss deutlich gemacht werden, dass sie auch durchgesetzt wird.

■ Zeitmanagement

> »Als Gott die Welt erschuf, gab er den Deutschen
> die Uhr und den Indern die Zeit.«
> indischer Spruch

IST bedeutet »Indian Standard Time«, wird aber ironisch von den Indern als »Indian Stretchable Time« bezeichnet. Wie in Kapitel 4 erwähnt, ist die indische Zeitvorstellung eher zyklisch. Deswegen hat Pünktlichkeit im engen Sinne keinen Wert. Nur mit dem Argument »Zeit sparen« (sowohl die eigene als auch die Zeit der anderen ist damit gemeint) kann man Inder nicht gewinnen. Auch das Pochen auf Termine beeindruckt indische Mitarbeiter wenig, wenn es nicht ersichtlich ist, welche Konsequenzen daraus entstehen können.

Ausländische Besucher in Indien sind oft beeindruckt von den Fahrern, die Stunden vorher am Flughafen sind, um die Gäste abzuholen. Da die Gastfreundschaft es verlangt, dass ein Gast richtig empfangen werden muss, macht diese Pünktlichkeit aus indischer Sicht einen Sinn. Ein Schritt in der Planung (»Milestone«) dagegen, der »nur« aus Strukturgründen vorhanden ist, ist weniger verbindlich, weil dadurch vermeintlich keine ernstzunehmenden Ziele gefährdet sind. Daher ist eine regelmäßige Betreuung unerlässlich, wenn Termine einzuhalten sind.

Tipp: Gründe für Termine und Konsequenzen der Nichteinhaltung sollte man explizit darstellen und danach den Arbeitsfortschritt verfolgen.

Besuchs- oder Liefertermine, die sehr weit im Voraus festgelegt werden, sind weniger zu empfehlen. Termine in Indien stellen eine Absichtserklärung dar. Je mehr Zeit dazwischen liegt, desto ungenauer werden sie. Eventuell sind Erinnerungsmails erforderlich, um sicherzugehen, dass sich keine spontanen Änderungen ergeben haben. Regelmäßiges Nachfragen ist in der Regel eine gute Vorgehensweise, auch in Form von Statusberichten oder »To-do-Listen«.

Eine weitere Möglichkeit für Termineinhaltung ist das Einbauen von reichlichen Zeitpuffern: Der angegebene Wunschtermin sollte etwas vor dem letztmöglichen Endtermin liegen. Diese Vorgehensweise ist so gängig, beispielsweise was den Liefertermin eines Schneiders betrifft, dass

Inder fast damit rechnen. Indische Firmen, die bereits länger mit der westlichen Geschäftswelt zu tun haben, haben sich inzwischen auf Pünktlichkeit eingestellt. Dennoch ist man auch von äußeren Bedingungen abhängig und die sind weniger berechenbar als in Deutschland.

Die ganzheitliche Einstellung zur Zeit, die keine strenge Trennung zwischen Berufs- und Privatleben beinhaltet, bietet auch Vorteile im Arbeitsleben. Geschäftspartner sind fast immer erreichbar, auch am Wochenende oder abends. Bei Mehrarbeit, beispielsweise bei erhöhten Stückzahlen in der Produktion oder vor Projektabschluss, ist es für Mitarbeiter selbstverständlich, dass sie länger arbeiten. In der Produktion lohnen sich die Überstunden wegen des zusätzlichen Verdienstes, in vielen Bürotätigkeiten werden sie nicht vergütet.

Im indischen Alltag ist sofort ersichtlich, dass nicht nur Zeit, sondern auch Arbeit nicht seriell-sequenziell verstanden wird. Ein häufig zitiertes Beispiel ist die Vorgehensweise in einer indischen Apotheke. Zahlreiche Kunden stehen vor dem Schalter. Alle werden scheinbar gleichzeitig aus Regalen bedient, die in keiner Form gekennzeichnet sind. Dabei passieren kaum Fehler, obwohl Tabletten in jeder gewünschten Zahl abgeschnitten und verkauft werden.

◼ Besprechungen

Die indische Einstellung zur Zeit und die Vorliebe für das Kommunizieren machen sich auch bei Besprechungen bemerkbar. Eine Agenda, falls überhaupt vorhanden, ist lediglich eine grobe Leitlinie. Je nach Thema nehmen oft viele Mitarbeiter teil. Trotz vieler Teilnehmer sind nicht alle unmittelbar beteiligt. Die Sitzung wird vom Ranghöchsten moderiert. (Für Inder in Deutschland ist es oft verwirrend, wenn Besprechungen von einem Moderator, der keine Führungsfunktion hat, geleitet werden.) Von Besprechungen werden nicht immer Entscheidungen erwartet. Sie funktionieren als Plattform für Statusberichte und Informationsaustausch. Die eigentliche Entscheidung wird meistens nach der Sitzung von den Vorgesetzten gefällt und bekanntgegeben. Auch Vereinbarungen werden recht allgemein gehalten. Dabei entsteht für westliche Ausländer leicht das Gefühl, dass nichts Konkretes erreicht wurde.

▉ Verhandlungen

Geschäftsverhandlungen in Indien haben eine lange Tradition. Sogar in Volksmärchen verhandeln die Tiere lebhaft miteinander. Jede kleine Geschäftstransaktion ist auch heute davon geprägt, angefangen bei den Autorikschafahrern und Straßenhändlern. Verhandlungen werden mit sportlichem Ehrgeiz und viel Geschick betrieben. Als Verhandlungspartner soll man darauf vorbereitet sein. Es ist davon abzuraten, unter Zeitdruck nach Indien zu reisen, um mit einem Vertrag zurückzukommen. Gute Beziehungen sollten unbedingt vorher aufgebaut werden.

Neben der Beziehung spielt der Preis eine wesentliche Rolle, allerdings werden auch Zusatzleistungen erwartet. Die Spanne der Zusatzleistungen ist groß und reicht von persönlicher Bestechung bis hin zu einfachen Preisnachlässen. Es wird empfohlen, immer mit einem indischen Partner an der Seite zu verhandeln, weil er die Feinheiten besser kennt. Ihm werden in der Rolle des Mittlers auch Forderungen mitgeteilt, die man Ausländern gegenüber nicht direkt äußern will.

Der Fokus auf die technischen Qualitäten des Produkts allein reicht nicht. Gute Verkaufsargumente sind Preis und Leistung mit den unmittelbaren Vorteilen für den Kunden. Da ausländische Produkte meistens mit Status verbunden sind, ist ein Hinweis auf das Ansehen der Firma und das Erwähnen anderer namhafter Kunden sinnvoll. Aus indischer Perspektive ist das Schriftliche nicht in allen Einzelheiten absolut bindend, weil im wirklichen Leben die Situation nie so bleibt wie im Augenblick der Niederschrift. Unter Indern wird daher Toleranz gezeigt, solange das Gesamtbild stimmig bleibt und die Beziehungen vertrauensvoll sind. Dennoch ist es notwendig, den Vertrag mit allen Einzelheiten von einem Experten aufstellen und prüfen zu lassen, bevor er unterschrieben wird.

▉ Problemlösestrategien

Bei Problemen wird in Indien situativ und flexibel reagiert. Die Schwäche dieser Vorgehensweise ist, dass wenig über die Ursachen reflektiert wird, um ein erneutes Auftreten des Problems zu verhindern. Die Problemlösestrategien sind ferner zu wenig strukturiert, als dass sie weitergereicht und beim nächsten ähnlichen Problem übernommen werden könnten.

Manchmal stürzt man sich auch unüberlegt in Aktionismus. Ein Beispiel aus dem Alltag: Der Handwerker, der beim Nichtfunktionieren eines Kühlschranks von Expats bestellt wurde, schnitt kurzerhand den deutschen Stecker ab, in der irrigen Annahme, das sei die Fehlerquelle.

Die Stärke dieser Vorgehensweise ist, dass schnelle und pragmatische Lösungen gefunden werden. Durch das Beziehungsgeflecht werden Informationen und Unterstützung in Windeseile eingeholt und umgesetzt. Es gibt für fast alles einen Weg, wenn man die dafür kompetenten Personen beauftragt oder informiert. Delegieren ist in Indien eine hohe Kunst. Dazu noch ein Beispiel aus dem Alltag: Ein reisender deutscher Manager erwähnte nebenbei, dass er vor zwei Jahren beim letzten Besuch in dieser 10-Millionen-Stadt in einem kleinen Restaurant, das leider inzwischen geschlossen sei, köstlich gespeist habe. Zu seinem Erstaunen wurde er schon am selben Abend in ein anderes Restaurant eingeladen, das genau von dem Ehepaar betrieben wurde, das auch das von ihm erwähnte Restaurant geführt hatte. Das Netzwerk hatte es möglich gemacht.

■ Schlussbemerkung

Für Expats können die Unterschiede in der deutsch-indischen Arbeitsweise auf den ersten Blick abschreckend wirken. Aber gerade diese Unterschiede tragen viel zur Synergiebildung bei. Die Arbeitseigenschaften von Deutschen und Indern ergänzen sich. Wenn es einem gelingt, das Beste aus beiden Welten zu vereinen, ist man auf dem Weg zum Erfolg.

Kapitel 8: Besonderheiten im indischen Alltag

Gesundheit und Hygiene

Wer nach Indien fährt, hat häufig schon viel über die hygienischen Bedingungen dort gehört. Bei der Lektüre von medizinischen Reiseratgebern kommen leicht Bedenken wegen der oft langen Liste potenzieller Krankheiten von Malaria über Bilharziose bis hin zur Pest auf. Einige davon – wie etwa Pest und Bilharziose – treten fast nur in entlegenen, meist ländlichen Gebieten auf. Sie können vor allem Rucksacktouristen oder Menschen, die beispielsweise in der Entwicklungshilfe tätig sind, gefährlich werden. Geschäftsreisende, die sich vorwiegend in den Ballungszentren der Städte aufhalten, müssen sich in der Regel keine Gedanken machen. Außerdem sind die Standards der Krankenhäuser in den Metropolen sehr hoch und eine schnelle medizinische Versorgung ist gewährleistet.

Dennoch ist eine gute medizinische Vorsorge für eine Reise nach Indien unabdingbar. Für genauere Auskünfte bei Reisen in entlegenere Gebiete empfiehlt sich ein Besuch beim Tropeninstitut, das es an vielen Universitäten deutscher Städte gibt. Tropeninstitute helfen auch bei der Behandlung von Krankheiten nach der Rückkehr. Besonders bei unklaren Beschwerden nach einer Indienreise sind Tropenmediziner hilfreich.

Für die medizinische Vorsorge bei der Reise in eine indische Großstadt können meist schon die Hausärzte in Deutschland weiterhelfen. In jedem Fall aber ist ein guter Impfschutz wichtig. Auch über eine kleine Reiseapotheke sollte man sich beraten lassen. Vor Ort sollte man sich unbedingt regelmäßig die Hände waschen und immer Schuhe tragen – am besten die Schuhe regelmäßig ausschütteln, man weiß nie, welches Lebewesen sich in einen geschlossenen Schuh verirrt haben könnte und unter Umständen kann die Bekanntschaft mit einem solchen Wesen sehr schmerzhaft sein.

Indien gehört zu den Ländern mit der größten Zahl an Tollwuterkrankungen weltweit. Der Grund dafür sind die in vielen Gegenden herumstreunenden Hunde und Affen. Allein die Zahl der umherstreunenden Hunde in Neu-Delhi wird auf über 250.000 geschätzt. Über die Notwendigkeit einer Tollwutimpfung sollte man sich vom Arzt beraten lassen, da sie für den Körper sehr anstrengend sein kann und nur eine sehr begrenzte Zeit wirksam ist. Trotzdem sollten Tierliebhaber streunende Hunde nicht füttern oder streicheln, sondern lieber einen großen Bogen um sie machen.

Wichtig ist es auch, die Tetanusimpfung vor einer Indienreise aufzufrischen. Das Tückische in Indien: Viele Böden, so beispielsweise auch Tennisplätze, sind mit einer dünnen Schicht aus Kuhmist überzogen. Fällt man auf den Boden, kann bei Schürfwunden leicht eine Infektion entstehen. Kuhmist wird in Indien zu verschiedenen Zwecken eingesetzt – als Düngemittel, Brennmaterial, zur Biogaserzeugung und als das erwähnte Bindemittel, um Lehm zu verarbeiten.

Die wohl am weitesten verbreitete Krankheit ist Malaria. Lediglich die Höhen über 2000 Meter in den Bundesstaaten Himachal Pradesh, Sikkim, Jammu, Kaschmir sind risikofrei. Auch die Ansteckungsgefahr in den Großstädten ist gering.

Am besten schützt man sich im Freien gegen Mücken mit langärmeliger, heller Kleidung sowie Mückensprays. Besonders nach Sonnenuntergang können Mücken in Indien zur Plage werden. Innerhalb der Wohnung hält eine Klimaanlage mit Insektenschutzgitter am Fenster den Raum mückenfrei. Es sind auch so genannte Moskitocoils oder Flüssigkeiten für die Steckdose erhältlich, meist chemische Produkte. Wenn man allergisch oder geruchsempfindlich ist, empfiehlt sich der Kauf eines Moskitonetzes.

Zu Beginn eines Indienaufenthaltes leiden viele Ausländer unter Magen-Darm-Problemen, weil sich der Magen an die anderen Bakterienkulturen erst gewöhnen muss. Gut vorbeugen lässt sich dem, wenn man ausschließlich Wasser aus versiegelten Flaschen trinkt (Vorsicht vor Fälschungen! Um Geschäfte zu machen, versuchen manche Händler die Flaschen mehrfach zu verwenden und füllen sie mit Leitungswasser.) Ansonsten sollte man die Faustregel, dass Obst und Gemüse lediglich geschält oder gekocht gegessen werden sollten, unbedingt beachten. Eine weitere Möglichkeit ist das Vorwaschen in einer Kaliumpermanganatlösung. Die Kristalle sind in den Apotheken (»chemist«) erhältlich.

Als Ausländer sollte man auf den Genuss des Essens der Garküchen am Straßenrand lieber verzichten. Die Zutaten sind zwar meist frisch, aber die Sauberkeit der Hände und Utensilien ist nicht immer gewährleistet. Die saisonal allgegenwärtigen Fliegen können zudem Krankheiten übertragen. Das Gleiche gilt für die frisch gepressten Säfte, die von Straßenhändlern angeboten werden. Sie werden häufig mit Leitungswasser verdünnt, auf dessen Genuss man als Ausländer unbedingt verzichten sollte. Wenn man bei der Zubereitung der Säfte zuschauen kann und diese ohne Wasser und andere Zusätze sind, ist eine Kostprobe sehr empfehlenswert und eine angenehme Erfrischung.

■ Sauberkeit

In ihrer Eigenwahrnehmung betrachten sich die Inder selbst als sehr sauber, auch wenn ihre Städte ganz offenkundig häufig extrem schmutzig sind. Die eigene Person und der Wohnraum werden sauber gehalten, auch in den Hütten der Slums. Durch die bereits beschriebene Ingroup-Mentalität wird jedoch alles, das zur Allgemeinheit gehört, ignoriert, sprich: Die Hütte ist sauber und der Dreck vor der Hütte interessiert niemanden mehr. Daher sieht man, wie Müll ohne Gewissensbisse am Straßenrand oder an öffentlichen Plätzen entsorgt wird. Die städtische Müllabfuhr erfolgt eher sporadisch: Mal kommt sie, mal kommt sie nicht. In den besseren Wohngegenden sind Bewohner dazu übergegangen, private Müllentsorger, oft nur mit Fahrrad und Beiwagen ausgestattet, zu beauftragen.

Für Ausländer empfiehlt sich ein Besuch der öffentlichen Toiletten in Indien nicht, es sei denn, es ist wirklich sehr dringend oder man hat einen

Magen-Darm-Virus erwischt. Man sollte sich stets bewusst sein, dass die Toiletten in Indien mit westlichen Standards nicht vergleichbar sind. Traditionell gingen die Inder aufs Feld, um ihr Geschäft zu verrichten.

Auch heute meiden die Inder öffentliche Toiletten wenn möglich und suchen stattdessen lieber einen Busch auf. Die Strategie der Frauen in Indien ist es daher häufig, so wenig wie möglich zu trinken, wenn sie außer Haus sind.

■ Hygiene auf Indisch

Angesichts des Drecks ist es nur schwer vorstellbar, wie die Inder es schaffen, meist sehr ordentlich und sauber zu erscheinen. Abgesehen von den Bettlern achten auch arme Inder in der Regel äußerst penibel auf ihr Äußeres.

Berufstätige, die sich morgens aus den Slums auf den Weg zur Arbeit machen, sind auch ohne fließendes Wasser im Haus geduscht und frisch

Abbildung 12: Obdachloser beim Morgenbad, Kalkutta, Westbengalen, Juli 2008 (© Jörg Böthling)

angezogen. Auf dem Land sieht man immer wieder Menschen, die sich in Flüssen baden und in den kleinsten Teichen mit Seife schrubben oder die Wäsche waschen. Auffällig ist, dass besonders die Frauen in den südlichen Bundesstaaten auf ein gepflegtes Äußeres achten.

Hygiene – auch im rituellen Sinne – hat eine große Bedeutung in Indien. So werden beispielsweise Badewannen als unhygienisch betrachtet, weil man mit dem ungewaschenen Körper darin sitzt. Traditionell wird das Wasser aus einem Wasserhahn oder Eimer mit einem Henkelbecher über den Kopf/Körper geschüttet. In den Stadtwohnungen gibt es Duschen. Ohne vorheriges Duschen ist es traditionell nicht erlaubt, einen Tempel zu betreten oder auch Essen zu kochen. Das Gleiche gilt, wenn man neue Kleider zum ersten Mal anzieht.

Ein weiterer wichtiger Punkt ist die orale Hygiene. Die Vorstellung von der Unreinheit des Speichels geht über den Hygienegedanken hinaus. Das Hindi-Wort »jhoota« ist sogar mit dem Wort »Lüge« (was auch den Mund verunreinigt) verwandt. Daher werden besonders in Südindien Trinkbecher oder Wasserflaschen nicht zum Mund geführt, sondern ein paar Zentimeter über den Mund gehalten und zum Trinken in den Mund gekippt. Bei Mahlzeiten im Restaurant teilen Inder gern miteinander, aber dies geschieht, bevor man angefangen hat zu essen. Auch werden Kinder beispielsweise nie auf dem Mund geküsst.

Da das Waschen gegen Keime wirkt und Speichel Krankheiten überträgt, haben die alten Inder Hygiene mit Tabus durchgesetzt. Dennoch wird auf die Straßen gespuckt, besonders der rote Saft von Betelblättern, die wegen ihrer verdauungsfördernden, stimulierenden und antiseptischen Wirkung gekaut werden. Wer Betelblätter gekaut hat, ist oft an rötlich gefärbten Zähnen erkennbar.

Das indische Verständnis von oraler Hygiene hat zur Folge, dass der Mund nach jeder Mahlzeit gründlich mit Wasser ausgespült werden muss. Daher verfügen Restaurants und Kantinen eigens über Waschbecken nur für diesen Zweck. Deutsche Firmen, die eine zentrale Abteilung für die Bauplanung haben, sind verdutzt, wenn sie Reihen von Waschbecken in die Kantine integrieren müssen. Das Mundausspülen geht oft mit einem lauten Gurgeln einher, und es entstehen dabei Geräusche, die von westeuropäischen Ohren teilweise als sehr eigenartig bis widerlich empfunden werden.

Nach dem Ayurveda wird die Zunge traditionell mit einem Zungen-kratzer oder auf dem Lande mit einem Zweig des Niembaums *(azadirachta indica)* gereinigt, der antibakterielle Eigenschaften besitzt. Die Wirkstoffe sind heute in Form von Zahnpasta erhältlich. Teilweise wird sie auch in Deutschland verkauft.

▓ Das indische Gesundheitssystem

Die primäre Gesundheitsversorgung ist laut Verfassung Aufgabe des Staates. Die Umsetzung ist Sache der Bundesstaaten, was große regionale Unterschiede zur Folge hat. Im staatlichen Gesundheitswesen ist die ärztliche Beratung kostenlos, und die Medikamente werden fast kostenfrei zur Verfügung gestellt. Da der Staat jedoch nicht in der Lage ist, die Gesundheitsversorgung ausreichend und in guter Qualität zu gewährleisten, schließen private Krankenhäuser die Lücke. Wie so oft in Indien werden die Unzulänglichkeiten des staatlichen Systems durch Privatinitiativen ausgeglichen. Jeder, der sich das leisten kann, lässt sich privat behandeln.

In der Stadt gibt es eine viel höhere Dichte an Ärzten und Krankenhäusern, besonders im privaten Sektor, als auf dem Lande. Die Spanne der Versorgung ist entsprechend breit: Laut WHO ist die Sterblichkeit von Kindern unter fünf Jahren auf dem Lande dreimal so hoch wie in der Stadt.

Falls man als Expat in Indien trotz aller Vorsichtsmaßnahmen krank werden sollte, kann man in den indischen Städten ganz entspannt sein: Es gibt eine große Anzahl von privaten Gesundheitsdienstleistern mit sehr gut ausgebildeten Spezialisten und nach westlichem Standard ausgestatteten Kliniken. Dazu zählt beispielsweise die Krankenhauskette Apollo. Auch hochmoderne Forschungslabore für Vorsorgeuntersuchungen werden oft zum günstigen Pauschalpreis angeboten.

Die Qualitätsspanne zwischen den einzelnen Krankenhäusern ist groß, deswegen ist es ratsam, nur über Empfehlung einen Arzt oder ein Krankenhaus aufzusuchen. Deutsche Firmen haben dafür ihre eigenen Listen von vertrauenswürdigen Ärzten und Einrichtungen. Die Qualität der Ausstattung und Behandlung in einigen bekannten Zentren, die

Möglichkeit der Kommunikation in Englisch und günstige Preise haben in den letzten Jahren einen Boom im Gesundheitstourismus ausgelöst. Mit Patienten aus den Golfstaaten, aber auch aus den Vereinigten Staaten wird das jährliche Wachstum des Marktes sogar auf etwa 30 Prozent geschätzt. Es wird ein breites Behandlungsspektrum angeboten: Dazu zählt alles von kosmetischer Chirurgie bis zu Bypassoperationen.

Ein indischer Krankenhausaufenthalt verläuft anders als in Deutschland. Auch hier steht die indische Familienorientierung im Vordergrund. In allen Krankenhäusern wird erwartet, dass ein Familienmitglied zumindest bei der Einweisung dabei ist. In der Regel bleibt über den Gesamtzeitraum des Aufenthaltes immer ein Familienmitglied (Schichtsystem) bei dem Kranken, außer auf der Intensivstation. Daher geht es in indischen Krankenhäusern genauso umtriebig zu wie in allen anderen öffentlichen Einrichtungen. Patienten ohne ständige Betreuung werden immer bemitleidet, aber oftmals auch vom Pflegepersonal links liegen gelassen. Essen wird von zu Hause geschickt, auch wenn das Krankenhaus Mahlzeiten anbietet, weil viele Inder Essenstabus unterliegen. Krankenhäuser mit Besuchszeiten und Essensverordnung sind erst im Kommen, aber auch sie bieten ethnisch angepasste Kost an. Muslime aus der arabischen Welt schätzen insbesondere die Möglichkeit, islamische »Halal«-Kost zu bekommen.

Tipp: Bevor man aus falscher Bescheidenheit stundenlang an der Aufnahme eines Krankenhauses wartet, ist es sinnvoll, sich mit der Visitenkarte vorzustellen.

In den Städten gibt es eine Menge gut ausgestatteter Apotheken (»chemist«). Die meisten Heilmittel einschließlich Paracetamol, Acetylsalicylsäure (Aspirin) oder Antibiotika sind sowohl als Markenartikel als auch als generische Variante erhältlich. Außer einer Notfallapotheke und Präparaten für spezifische oder chronische Krankheiten ist es überflüssig, Medikamente mitzunehmen. Sie sind in Indien nicht nur günstiger, sondern ihr Wirkungsgrad bei lokalen Krankheiten ist viel höher. Besonders bei Durchfallerkrankungen sind vor Ort hergestellte Mittel effektiver als die aus Deutschland, vermutlich weil sie auf die einheimischen Erreger besser eingestellt sind.

Auch wenn die Mittel der Schulmedizin nicht anders sind als in Europa, ist die Einstellung zur Genesung eine andere. Indische Ärzte empfehlen gern Schonen und Bettruhe, und Menschen mit Herz- oder Rückenleiden vermeiden das Treppensteigen. Am Flughafen werden Rollstühle gern von Passagieren in Anspruch genommen, die es aus deutscher Sicht nicht nötig hätten.

◼ Traditionelle indische Heilkunst

Für interessierte Expats gibt es die Möglichkeit, die traditionelle indische Medizin auszuprobieren. Sie besteht aus zwei groben Strömungen:

1. Zum einen werden häufig, besonders auf dem Land, die Dienste eines Naturheilers in Anspruch genommen. Dessen Praktiken beruhen auf Erfahrungswerten und reichen von Handauflegen übers Heilbeten bis zur Kräutermedizin. Die Heilwirkung dieser Pflanzen wird seit einiger Zeit wissenschaftlich untersucht, weil sich einige davon – wie die Kräutermittel gegen Schlangenbiss, Hepatitis oder Malaria – als sehr effektiv erwiesen haben.

2. Parallel dazu gibt es die klassische indische Medizin. Von den drei Schulen Ayurveda, Siddha und Amchi ist Ayurveda am bekanntesten. Das Wort »Ayurveda« bedeutet »Lebensweisheit« und beschreibt nicht nur ein System der Heilmedizin, sondern eine ganzheitliche Lebensphilosophie, die körperliche, emotionale und spirituelle Aspekte in Einklang bringt. Daher wird Präventivmaßnahmen wie der richtigen Ernährung und Lebensweise große Aufmerksamkeit geschenkt. Ernährung und Behandlung werden auf die Konstitution/Typologie des Einzelnen zugeschnitten. Es wird geschätzt, dass die ältesten der Ayurveda-Schriften etwa 5000 Jahre alt sind. Das Hochschulstudium zum Ayurveda-Arzt ist heute gesetzlich geregelt und dauert 5,5 Jahre, mit einem obligatorischen einjährigen Praktikum an einer Ayurvedaklinik. Man schließt mit dem Bachelortitel B. A. M. S. (»Bachelor of Ayurvedic Medicine and Surgery«) ab und kann danach eine Facharztausbildung anhängen. Jedoch gibt es unzählige Ayurvedaheiler, die heute noch traditionell ohne Studium praktizieren.

Inzwischen sind ayurvedische Mittel in pharmazeutischer Qualität in Apotheken erhältlich. Sie werden von ISO-zertifizierten Herstellern mit großen Forschungslabors wie Himalaya oder Zandu hergestellt. Auch internationale Firmen wie Wick haben sich dem indischen Markt angepasst und bieten zusätzlich ayurvedische Erkältungsmittel an. Es ist jedoch zu beachten, dass einige ayurvedische Medikamente erhöhte Bleiwerte haben.

Eine mehrwöchige Ayurvedakur, die in Europa im »Wellnesshotel« gebucht werden kann, ist nicht mit einer traditionellen Kur zu vergleichen. Die Hochburg der traditionellen Medizin ist die »Arya Vaidya Sala« mit Hauptsitz in Kottaikal im Staat Kerala. In ihren Kurkliniken bekommt man zwar ayurvedische Massagen, aber der Aufenthalt hat sonst eher mit Askese als mit Wellness zu tun. Die Räume sind spartanisch eingerichtet, jeder bekommt eine bestimmte (immer vegetarische) Diät verordnet und es gibt strenge Regelungen über die Freizeitbeschäftigungen. Sie sind nicht zum Entspannen gedacht, sondern eher zur Behandlung von chronischen Leiden wie Rheuma oder Asthma.

Seit den 1960er Jahren und den Beatles hat sich Meditation in der westlichen Welt etabliert. Es gibt unzählige »Ashrams« (indische Klöster) und »Swami« (spirituelle Lehrer), die auch von Indern besucht werden. Manche sind nur Orte der Ruhe, andere wie Swami Parthasarathy von der »Vedanta Academy« bieten Seminare an, wie zum Beispiel Stressmanagement für Geschäftsleute. »Ashrams«, die fast ausschließlich von Nichtindern besucht werden, sind meistens recht kostspielig und weniger authentisch.

▓ Klimatische Bedingungen

Das feucht-heiße Klima in großen Teilen Indiens wird von Europäern unterschiedlich wahrgenommen. Einerseits gibt es eine Artenvielfalt, die Begeisterung auslöst durch ihre Farbenpracht und Exotik. Andererseits gibt es – je nach Region – sehr heiße Monate und auch Zeiten, in denen die Luftfeuchtigkeit wie eine Wand zu spüren ist. Der noch am Anreisetag zielstrebig ausschreitende Expat fühlt sich in den ersten Wochen schlapp und müde in Indien. Zum Klima kommen der Staub, Gerüche und Menschenmassen hinzu – »ein Angriff auf die Sinne«.

Meist legt sich die Anfangsmüdigkeit mit der Eingewöhnung. Das Klima zwingt einen dazu, das eigene Bewegungstempo zu verlangsamen. Es wird bald nachvollziehbar, warum Inder nicht von Ort zu Ort hetzen. Es kann aber auch an der Ernährung liegen, wenn die Müdigkeit anhält. Die Erfahrung zeigt, dass der Körper auf die Umstellung auf überwiegend vegetarische Kost mit Müdigkeit reagiert. Mehr eiweißhaltige Nahrung kann unter Umständen Linderung verschaffen.

Im Gegensatz zu Touristen verbringen ausländische Berufstätige ähnlich wie die Mittelschichtinder ihren Alltag im klimatisierten Auto und in ebenso klimatisierten Büro- oder anderen Räumen. Dadurch leidet man weniger an der Hitze als an der Kälte, weil in Indien sehr heftig klimatisiert wird. Inder sind oft erstaunt darüber, dass Menschen aus dem kalten Deutschland so empfindlich auf frische Zugluft aus dem Gebläse im Auto reagieren. In Indien mag man es gern »breezy« und ist überhaupt nicht in der Lage, ohne Deckenventilator auszukommen. Wenn in Bangalore andererseits 18 °C im Winter erreicht sind, sieht man Leute – besonders abends – in Wollmütze und Schal, weil man glaubt, der Tau verursache Erkältungen.

Tipp: Es ist ratsam, bei Abendveranstaltungen in klimatisierten Räumen eine leichte Jacke oder einen Schal mitzunehmen. Generell empfiehlt es sich, einen dünnen Schal im Gepäck zu haben. Er kann im Auto und in der Bahn vor Erkältungen schützen.

■ Wasser- und Stromversorgung

»Die Wasserqualität in deutschen Schwimmbädern
ist besser als unser Leitungswasser.«
S. Raghavan, indischer Experte für Wasserwirtschaft

Die Verfügbarkeit von Wasser, besonders Trinkwasser, ist eine große Herausforderung für den Subkontinent. Dabei hat sich die Wasserqualität im Zuge des Wirtschaftswachstums in den vergangenen Jahren weiter verschlechtert. Auch die Bestände haben sich in den letzten 30 Jahren verringert.

Von der Wasserknappheit sind besonders die indischen Großstädte betroffen. Inzwischen kaufen viele Familien, zum Beispiel im südindischen Bundesstaat Tamil Nadu, ihr Wasser aus großen Wassertankwagen, weil die Versorgung aus der Leitung unzureichend ist. Wenn möglich, bauen viele Familien eigene Brunnen (»borewell«) im Garten, um wenigstens das Bad, die Toilette und den Garten zu versorgen. In vielen Städten ist es in der Trockenzeit keine Seltenheit, dass das Wasser täglich sporadisch für einige Stunden abgeschaltet wird.

Weil die Wasserqualität unzureichend ist, haben inzwischen alle indischen Familien aus der Mittelschicht eingebaute Wasserfilter mit UV-Strahlen in der Küche, um Bakterien abzutöten. Trotzdem wird das Wasser zusätzlich vor dem Trinken abgekocht. Andere kaufen Trinkwasser zum Kochen in großen 20-Liter-Kanistern. Bei Stromausfällen fallen gelegentlich auch die Wasserpumpen aus, was beim Duschen schnell zu einem zusätzlichen Problem führen kann. Traditionell verwenden die Inder einen Eimer, um sich abzuwaschen. Das kann angesichts der großen Hitze und bei Stromausfall sehr nützlich sein.

Während der Monsunzeit fällt innerhalb von etwa zwei Wochen rund die Hälfte des Jahresniederschlags. Das Ausbleiben des Monsunregens in manchen Jahren hat verheerende Folgen. Hinzugekommen ist in den letzten Jahren die Unvorhersehbarkeit desselben, die vermutlich ebenfalls auf den Klimawandel zurückzuführen ist. Ein weiterer Grund – wie aus Daten des Umweltprogramms der Vereinten Nationen hervorgeht – ist der überproportional hohe Wasserverbrauch in Indien. Dafür gibt es wirtschaftliche Ursachen wie den Reisanbau oder Infrastrukturgründe wie undichte Leitungen. Der verschwenderische Umgang mit Wasser spielt dabei eine nicht unerhebliche Rolle. Wasser ist daher auch in der Politik von Bedeutung. Die beiden Staaten Karnataka und Tamil Nadu streiten sich seit Jahren um Wasserrechte.

Geplante wie ungeplante Stromausfälle sind an der Tagesordnung. Die ersteren werden vorher angekündigt als »power cut« oder »load shedding« (übersetzt in etwa: Überlastung reduzieren).

Um den Stromverbrauch gleichmäßiger zu verteilen, legen die Firmen die freien Tage (»Wochenenden«) unterschiedlich. Wie Krankenhäuser und viele Wohnanlagen haben die meisten Unternehmen ihre eigenen Generatoren, die sich beim Stromausfall automatisch einschalten.

Die Stromausfälle haben auch zur Folge, dass die lückenlose Kühlkette bei Lebensmitteln nicht immer gewährleistet ist. Große Lebensmittelketten wie Reliance müssen Generatoren nicht nur in ihren Läden, sondern auch an allen anderen Stellen im Verteilungssystem anbringen. Hinzu kommt die Investition in Technik zur Sauberhaltung des Wassers. »Das sind die anfallenden Kosten für saubere, sichere Lebensmittel für die Kunden«, sagt G. Kapur von Reliance.

> Tipp: Eiskrem sollte man nur bei zuverlässigen Quellen kaufen, am besten kein Eis am Straßenrand essen. Das abgepackte Eis der großen Ketten birgt keine Gefahr.

■ Reisen in Indien

■ Mit dem Auto

> »Der Inder [...] verfolgt in der Tat mit seinem Hupen
> keinen irgendwie irdischen Zweck [...].«
> Stefan Strohschneider, Das »Horn-Please«-Konzept
> als Grundstruktur hinduistischen Handelns

Der erste Kulturschock für den Besucher, wenn er aus dem Flughafen kommt, ist die Fahrt zum Hotel. Kaum ein anderes Thema in Indien sorgt für so viel Gesprächsstoff. Das Straßenbild ist durch Verkehrsgewühle und Gehupe geprägt, wobei Fahrzeuge aus mehreren Epochen die Straße mit Menschenmassen und Tieren teilen. Dabei darf die »heilige Kuh« nicht fehlen, auch wenn sie neuerdings von den Hauptverkehrsadern der Großstädte (»Metros«) abgeschleppt wird. Es gibt keine erkennbaren Verkehrsregeln und man befürchtet, dass man wegen des Fahrstils niemals heil ankommen wird.

Auch wenn alle Lücken auf der Fahrbahn mit Verkehrsteilnehmern gefüllt sind und dadurch der Verkehr fast zum Erliegen kommt, gibt es – außer Hupen – keine Anzeichen der Aufregung.

Selbst wenn man mit der Zeit glaubt, herausgefunden zu haben, wie sich indische Autofahrer in Millimeterarbeit den Weg durch die fischschwarmähnlichen Bewegungsströme bahnen, wird Expats nicht geraten, sich selbst ans Steuer zu setzen, zumal die Firma ihnen immer einen Fahrer zur Verfügung stellt. Dies ist aus unterschiedlichen Gründen von Vorteil: Falls es doch zu einem Unfall kommen sollte, weiß der Fahrer genau, wie er sich zu verhalten hat. Jeder Ausländer wird es ihm danken.

In der Stadt kommt es bei Unfällen wegen der geringen Geschwindigkeit auf den überfüllten Straßen in der Regel nur zu Blechschäden. Ganz anders ist es auf Überlandstrecken, besonders wenn sie gut ausgebaut sind. Unfälle, in die oft Lastwagen verwickelt sind, geschehen hier regelmäßig. Während der Monsunzeit werden in vielen Landesteilen meist ganze Straßenabschnitte überflutet. Der einheimische Fahrer hat hier die besseren Nerven, nicht nur, weil es für ihn zum allgemeinen Lebensrisiko gehört, sondern weil er über seine persönlichen Beziehungsnetzwerke meist Zugang zu inoffiziellen Informationen und Wissen über die Strecke hat.

Indien hat in den vergangenen Jahren viel Geld in den Ausbau der Überlandstraßen gesteckt und es gibt einige Strecken von europäischer Qualität, wie zum Beispiel die von Mumbai nach Goa. Viele dieser Strecken sind mautpflichtig. Zwischen den Ausbaustrecken gibt es jedoch Abschnitte, die dieser Qualität nicht entsprechen und viel Zeit in Anspruch nehmen. Auf den »normalen« Straßen muss man oft mit einer Fahrtzeit von vier Stunden für eine 150-Kilometer-Strecke rechnen.

Tipp: Beim Fahrer eines »tourist taxis« sollte man darauf achten, dass der Fahrer Englisch versteht und vor Fahrtantritt eine ausreichende Pause gehabt hat.

Innerhalb der Stadt gibt es die Möglichkeit, mit einer dreirädrigen Autoriksha schnell und günstig an sein Ziel zu kommen, wenn man von westlichen Sicherheitsstandards absieht. Für Inder ist der Gebrauch von Autorikschas alltäglich und eine bequeme Lösung. Da die Taxameter selten eingeschaltet sind, wird der Preis im Voraus ausgehandelt.

Indischen Taxifahrern ist ein Stadtplan häufig fremd. Sie orientieren sich nicht über Pläne, sondern fragen lieber andere Menschen nach dem Weg. Dies kann zu durchaus hitzigen Diskussionen führen, von denen man sich als Fahrgast nicht irritieren lassen sollte.

■ Mit dem Zug und Flugzeug

Unter der Kolonialherrschaft der Briten wurde in Indien 1853 die erste Eisenbahnstrecke in der Nähe von Mumbai eingeweiht. Mit über 63.000 Kilometern ist das staatliche Eisenbahnnetz inzwischen das zweitgrößte der Welt unter einer Führung. Die Bahn hat eine lange Tradition als Lebensader der Nation, transportiert jährlich mehr als vier Milliarden Menschen und ist der größte Arbeitgeber des Subkontinents. Allein der Bahnhof Howrah bei Kalkutta (inzwischen »Kolkata« genannt) bewältigt etwa eine Million Fahrgäste pro Tag. Verschiedene Spurweiten sind vorhanden und viele Varianten der ersten und zweiten Klasse. Die zweite Klasse ohne Klimatisierung hat oft einfache Holzbänke und ist meistens überfüllt. Es gibt aber auch klimatisierte Abteile mit Sitz- oder Schlafgelegenheit. Die erste Klasse ist natürlich bequemer, wahlweise klimatisiert.

Es gibt auch historische Luxuszüge wie den »Palast auf Rädern« mit edelster Ausstattung, die ursprünglich für die ehemaligen Maharajas gebaut wurden. Das Alter der Züge weist eine ähnlich breite Spanne auf, wenn man die historische Schmalspurbahn von Darjeeling im Nordosten des Landes mit den supermodernen Metrozügen der indischen Hauptstadt Neu-Delhi vergleicht.

Bahnreisen in Indien sind ein Erlebnis – auch im klimatisierten Abteil. Reservierungen können online unter Angabe der Kreditkartennummer oder über ein Reisebüro vorgenommen werden. Wenn man in Ruhe reisen möchte, sollte man ein Erste-Klasse-Abteil für sich buchen. Bei den langen Strecken Indiens ist es sonst kaum möglich, Distanz zu anderen Passagieren zu halten. In jedem Fall ist die Fahrt mit dem Zug in Indien sehr empfehlenswert. Wer etwas Zeit hat und Indien und seine Besonderheiten näher kennenlernen möchte, sollte sich das Erlebnis nicht entgehen lassen. Dienstleistung wird auch hier großgeschrieben: Bei längeren Strecken werden Bestellungen für drei Haupt- und zwei

Zwischenmahlzeiten entgegengenommen, die warm im Abteil serviert werden. Bei der großen Zahl der Reisenden ist dies eine logistische Meisterleistung.

Fliegen bedarf in Indien keiner langen Vorausplanung. Durch die Liberalisierung der Wirtschaft ist die Anzahl der Privatlinien laufend gestiegen, darunter auch so genannte »Billigflieger«. Da Fliegen für die breite Masse und für Familien immer noch zu teuer ist, werden die Flugzeuge eher von Geschäftsreisenden oder Einzelreisenden genutzt und sind meist nicht restlos ausgebucht. Die Infrastruktur der Flughäfen hat jedoch nicht mit der Entwicklung der privaten Fluggesellschaften Schritt gehalten, was häufig zu unvermeidlichen Verspätungen führt.

Viele Städte in Indien haben in den vergangenen Jahren neue Flughäfen gebaut, da die alten aus den Nähten platzten. Meist haben der Bau und die Inbetriebnahme einige Jahre gedauert. Die Orientierung auf den alten Flughäfen ist für Europäer teilweise etwas gewöhnungsbedürftig. Viele Städte besitzen einen »National«- und einen »International«-Terminal. Die neuen Flughäfen wie der in Hyderabad sind von denen in der westlichen Welt kaum zu unterscheiden.

■ Kapitel 9: Verhaltensregeln kennen, Fettnäpfchen vermeiden

> »In Deutschland verhält man sich Fremden gegenüber
> höflicher als innerhalb der Familie.«
> Harihar, indischer Geschäftsmann

Für die meisten, die das erste Mal nach Indien reisen, stellt sich die Frage der Dos und Don'ts. Um diese zu beantworten, sollte man wissen, dass formelle, allgemeingültige Regeln in Indien eher im Bereich von religiösen Ritualen anzutreffen sind. Ansonsten ist die Palette der Benimmregeln abhängig vom Kontext, den Beteiligten und den jeweiligen herrschenden Werten (→ siehe auch Kapitel 4). Sie variieren zusätzlich je nach Region, Religion und sozialem Umfeld. Vereinfachend für Gäste kommt allerdings hinzu, dass Inder nicht erwarten, dass sich Ausländer genauso benehmen wie sie selbst.

■ Namen und Begrüßungen

Bezüglich der Namensgebung kann Indien grob in zwei Regionen aufgeteilt werden: Nord- und Südindien. Bis auf einige Ausnahmen besitzen die Nordinder – das bedeutet Menschen aus allen Staaten außer Karnataka, Tamil Nadu, Andhra Pradesh und Kerala – Vor- und Nachnamen. An den Nachnamen ist häufig erkennbar, aus welchem Staat die Person stammt oder welcher Religion sie angehört. Singh ist daher höchstwahrscheinlich der Name eines Sikhs aus dem Punjab, Banerjee oder Sen weisen auf Bengalen, Patel oder Gupta auf Gujarat, Srivastav oder Bhargav auf Uttar Pradesh, Joshi oder Lakade auf Maharashtra, Fernandes oder Pereira auf Goa hin. Oft geben die Namen auch Auskunft über die Religionszugehörigkeit oder Herkunftskaste.

Die Menschen in Südindien haben teilweise Nachnamen, teilweise auch nur Vornamen – vor allem, wenn sie aus dem Bundesstaat Tamil Nadu kommen. Bei manchen existieren zwar Nachnamen, aber sie werden nur im Pass aufgeführt. Einige haben nur den Rufnamen mit einem oder mehreren Initialen davor oder danach, beispielsweise R. Sriram oder Srinivasan T. V. Diese Initialen setzen sich meistens aus den ersten Buchstaben des Rufnamens des Vaters oder/und des Heimatorts zusammen. Das hat zur Folge, dass Geschwister nicht anhand der Namen unterscheidbar sind und viele Namen besonders häufig vorkommen. Bei den Wahlen 2009 gab es beispielsweise 78 Kandidaten für das Unterhaus mit dem Namen Maan Singh, 56 mit dem Namen Om Prakash. Im Telefonbuch der südindischen Stadt Chennai gibt es etwa 400 Personen mit dem vollständigen Namen Ramesh R. Ohne die jeweilige Adresse ist es daher nicht möglich, den richtigen zu finden.

Viele Inder in den Städten legen inzwischen Wert auf einen Namen, der möglichst wenig Aufschluss über ihre Herkunft oder Kaste gibt. Hinzu kommt der Glaube an die Numerologie, eine Theorie, die beinhaltet, dass Namen mit glücksbringenden Zahlen verbunden sein sollen. Daher ändern viele Inder ihre Namen dementsprechend: zum Beispiel mit zusätzlichen Buchstaben, die aber nicht urkundlich festgehalten werden. Es herrscht ohnehin eine eher pragmatische als bürokratische Einstellung zu Namen. Menschen mit komplizierten Namen kürzen sie ab oder nennen sich – offiziell oder teiloffiziell – komplett anders, manchmal mit dem Zusatz a. k. a. (»also known as«).

Indische Ämter und Banken legen keinen großen Wert auf eine einheitliche Schreibweise (z. B. Ranjith, Ranjeet, Ranjit) oder gar einen Namen, wenn keine Abgleichung unter diesen Einrichtungen stattfindet. Im elektronischen Zeitalter gibt es mittlerweile die Bemühung, die so genannte PAN-Karte für Steuerzahler als amtliches Dokument für die Namensgebung einzuführen.

▪ Anrede

Da Englisch überwiegend die Sprache des Expats bleibt, ist man von dem Du-oder-Sie-Dilemma meist glücklicherweise befreit. Das »Siezen« existiert zwar in allen indischen Sprachen, aber es hat weniger mit Distanz oder dem Einsatz von Nachnamen zu tun als mit Alter und Seniorität. Der Ältere und Höherrangige wird gesiezt, auch bei empfundener Nähe. Er wird mit »Mr. X« oder im indischen »X-ji« angeredet. Die englische Version von Letzterem ist »X-sir«.

Wenn man keinen Nachnamen hat oder er (subjektiv gesehen) unwichtig ist, wird bei Respekt »Mr.« vor den Rufnamen gesetzt. Die Differenzierung zwischen Vor- und Nachnamen – falls beide überhaupt vorhanden sind – ist nicht so eindeutig wie in Deutschland. Man soll sich daher nicht wundern, wenn Michael Müller beispielsweise »Mr. Michael« genannt wird, oder gar nur »Müller«. Der Chef/die Chefin wird oft mit »Sir«/»Madam« angesprochen, aber es ist für Ausländer nicht notwendig, dies auch zu tun. Außer bei Gleichaltrigen beruht die Anredeform nicht auf Gegenseitigkeit: Nach dem Senioritätsprinzip wird der Ältere immer mit »Mr.« angeredet, während er den Jüngeren mit dem Vornamen anreden darf.

Tipp: Es ist am einfachsten, die Inder so zu nennen, wie sie sich selbst vorstellen.

Traditionell ist die Begrüßung in Indien das »Namaste« mit beiden Händen in Gebetshaltung und den Fingerspitzen auf Kinnhöhe. Es bedeutet »Ich verneige mich vor dem Göttlichen in Ihnen«. Im Berufsleben entwickelt sich zunehmend eine (weiche) Version des westlichen Händedrucks, auch bei Frauen. Ein fester Händedruck wird als etwas aggressiv empfunden und ist daher lediglich bei urbanen Indern mit Auslandserfahrung anzutreffen. Eine indische Frau bietet nur die Finger an, weil ihr viel Hautkontakt mit einem Fremden unangemessen erscheint. Im privaten Umfeld oder bei älteren, traditionell orientierten Frauen ist ein Händedruck nicht üblich. Generell werden ältere Personen besonders respektvoll mit einem »Namaste« begrüßt.

Wenn ein Mann besondere Herzlichkeit signalisieren möchte, wird die andere Hand über den Händedruck gelegt oder auf die Schulter. Bei einer vertrauensvollen Beziehung gibt es viel Körpernähe unter Männern – das geht bis hin zum Händchenhalten. Dies hat keinerlei romantische Bedeutung. Vielmehr handelt es sich nur um gute Freunde. Falls es dem Expat passieren sollte, dass ein indischer Mann seine Hand nimmt, darf er sich unter keinen Umständen losreißen, weil es sich um einen besonderen Vertrauensbeweis handelt. Es ist jedoch eher wahrscheinlich, dass je nach Alter und Stellung der »Respektsabstand« eingehalten wird. Bei Frauen ist dieser Abstand besonders wichtig, um nicht aufdringlich zu wirken. Einer Frau besondere Aufmerksamkeit zu schenken, kann Peinlichkeit verursachen, auch wenn sie die Frau des Kollegen oder Gastgebers ist. Oft ist der Blickkontakt zwischen Mann und Frau wenig ausgeprägt, bis eine Vertrauensbasis aufgebaut ist.

Tipp: Als Mann sollte man bei indischen Frauen auf die Körpersprache achten, bevor man die Hand ausstreckt. Es ist nicht unhöflich, lediglich den Männern in der Runde die Hand zu geben und die Frauen mit »Namaste« oder »Hello« zu begrüßen.

Untereinander begrüßen sich Inder nur ausführlich, wenn sie sich länger nicht gesehen haben, oder bei Einladungen. Bei Kollegen oder Nachbarn, die sich täglich sehen, gibt es ein Lächeln und ein »Hello« oder ein »Namaste«. Personen, die man nicht persönlich kennt, beispielsweise im Firmenaufzug, gehören noch nicht zur Ingroup und werden daher meist auch nicht begrüßt.

◼ Visitenkarten

Im Geschäftsleben spielen Visitenkarten eine große Rolle und sollten in ausreichender Zahl mitgeführt werden. Bescheidenheit bei den Titeln auf der Karte ist für das Geschäft abträglich. Auf indischen Visitenkarten werden alle Bildungsgrade aufgeführt. Auch Berufsbezeichnungen werden aufgewertet: Der Begriff »Manager« ist weit verbreitet und nicht besonders ernst zu nehmen. Wenn man etwas erreichen will, sollte auf Augenhöhe mit einem gleichrangigen indischen Geschäftspartner verhandelt werden. Trotz Ausländerbonus ist ein angemessener Titel in diesem Fall unerlässlich.

> Tipp: Die Angabe der Handynummer auf der Visitenkarte kann dazu führen, dass man unerwünschte Anrufe bekommt. Es ist daher ratsam, die Nummer lediglich bei Bedarf aufzudrucken.

Auch wenn der Austausch von Visitenkarten kein Ritual ist, werden sie immer mit der rechten Hand überreicht, da die linke Hand als unrein gilt. (Sie ist für die Toilette vorgesehen.) Ausländer sollten dies beachten, auch beim Überreichen eines Geschenks oder beim Bezahlen.

Ein Ehrengast wird bei formellen Anlässen mit einem Farbtupfer auf der Stirn und einer Blumengirlande um den Hals begrüßt. Nachdem die Grußworte gesprochen sind, nimmt der Empfänger aus Gründen der Bescheidenheit (und des Komforts) die Girlande ab. Meist steht jemand in der Nähe, dem man die Girlande weiterreichen kann.

■ Höflichkeitsfloskeln

Es gibt wenige standardisierte Höflichkeitsfloskeln in Indien. Obwohl es Begriffe für »danke« und »bitte« in allen indischen Sprachen gibt, werden sie im Alltag kaum angewandt. Dienstleister wie Kellner oder Verkäufer benötigen aus indischer Sicht keine Worte des Danks, weil sie lediglich ihre Arbeit tun. Wenn eine Gefälligkeit außerhalb der Norm geschieht, wie einem entfernten Bekannten eine Arbeitsstelle zu vermitteln, wird rituell gedankt, möglicherweise mit einem kleinen Geschenk. Ansonsten sind gegenseitige Unterstützung in der Familie und unter Freunden Usus und explizite Worte des Danks überflüssig. Dennoch bleibt das Gefühl der Dankbarkeit über Jahre hinweg erhalten.

Ebenso fällt das Wort »bitte« innerhalb des Netzwerks nur, wenn es sich um eine große Gefälligkeit handelt. In den indischen Sprachen ist es möglich, Höflichkeit durch Tonfall, Wortwahl und Körperhaltung zu vermitteln. Daher wird im indischen Englisch entweder sehr knapp formuliert (»Please do the needful«, »Open the door«) oder sehr blumig (bei Einladungen: »We kindly request your gracious presence«). Trotzdem sind höfliche Beiworte über das eigene Wohlergehen und das der Familie unerlässlich, um die Wichtigkeit der Beziehung zu untermauern. Bei Vorstellungen wird viel Wert auf das »Gesicht geben« gelegt: Die Personen werden gegenseitig mit Worten der Wertschätzung vorgestellt (»my very good friend«, »a distinguished scientist«).

»Gute« Manieren basieren ebenfalls auf der Ingroup-Outgroup-Mentalität der Inder. Durch das Leben mit Fremden auf engstem Raum kapselt man sich innerlich von den Mitmenschen an öffentlichen Plätzen ab. Sie werden überhaupt nicht beachtet. Aber innerhalb des Beziehungsnetzwerks ist man äußerst aufmerksam und zuvorkommend. Besonders bei einem Gast ist man empfänglich für alle Zeichen, die auf sein Wohlergehen deuten. Es wird ihm jeder Wunsch von den Augen abgelesen. Die Betreuung des Gasts steht im Vordergrund. Daher darf er möglichst nicht allein gelassen werden. Für Besucher aus dem Westen können diese Art von ständiger Betreuung und der damit verbundene Smalltalk anstrengend werden.

■ Einladungen

> »Athithi devo bhava«
> (Behandle den Gast wie einen Gott).
> Sanskrit-Spruch

Die Erfahrungen der Expats mit Einladungen in Indien sind sehr unterschiedlich. Hochrangige Expats werden in der Regel seltener eingeladen, weil man fürchtet, ihnen kein angemessenes Ambiente oder entsprechende Verköstigung anbieten zu können. Expats aus den mittleren/unteren Managementebenen werden häufiger eingeladen. Inder halten sich in der Regel zurück, bis sie sicher sind, dass eine Einladung auch willkommen ist. Wenn die ersten Barrieren überwunden sind, bekommen manche Expats und Kurzzeitbesucher während eines Aufenthalts in Indien oft mehr Einladungen, als ihnen lieb ist. Nicht jeder muss aber auch gefolgt werden. Allerdings ist die Gastfreundschaft sowohl mit dem Privat- als auch dem Geschäftsleben verbunden. Daher ist es wichtig, zur Hochzeit von Kollegen oder Geschäftspartnern (oder von deren Kindern) zu erscheinen. Es wird als Zeichen des guten Willens betrachtet und ist förderlich für die

Zusammenarbeit. Da eine indische Hochzeit keine strukturierte Angelegenheit ist, ist es möglich, als einer von vielen hundert Gästen nach den beinahe obligatorischen Fotos mit dem Brautpaar wieder zu verschwinden. Während der Hochzeitssaison ist es üblich, mehreren Hochzeiten am selben Tag beizuwohnen. Dabei ist die Dauer des Besuchs weniger wichtig als die Anwesenheit und Glückwünsche, genannt »blessings« (Segen). Einladungen zu einem »pooja« (Gebetsritual) sind besonders in kleineren Orten üblich. Als Führungskraft sollte man darauf achten, dass man die Feste aller Religionen gleich behandelt.

Je nach Kontext wird man nach Hause, ins Restaurant oder in den Club eingeladen. Derjenige, von dem der Vorschlag, ins Restaurant zu gehen, ausgeht, ist der Gastgeber. (Umgekehrt führt das leicht zu Missverständnissen bei Indern in Deutschland.) Indische Kellner kennen das Prinzip der getrennten Rechnungen überhaupt nicht. Bei Freunden, die sich regelmäßig treffen, wird die Rechnung grob aufgeteilt, egal, was man gegessen hat. Sonst wird abwechselnd eingeladen. In Indien wird Essen gern geteilt und am Anfang einer Mahlzeit (aus Hygienegründen, → siehe Kapitel 8) wird voneinander probiert. Für Inder ist die Vorstellung, dass jeder am Tisch nur sein eigenes Essen bestellt, kurios. Ein gemeinsames Essen bedeutet viele Gerichte, die – wie ein Büffet – miteinander geteilt werden.

Das wird auch im Alltag praktiziert. Es gilt als unhöflich, etwas zu essen, ohne dem Kollegen oder Bekannten, der daneben steht, etwas davon anzubieten. Inder in Deutschland stellen mit Erstaunen fest, dass der deutsche Kollege am Nebentisch die in seiner Schublade aufbewahrte Schokolade auch allein isst.

Essenseinladungen dauern in Indien nicht so lange wie in Deutschland. Bei einem Fest zu Hause wird selten eine Uhrzeit erwähnt. Bei einer Nachfrage kommt häufig die Antwort »any time«. In der Regel fängt der Abend gegen 20.00 Uhr an, obwohl Gäste immer später eintrudeln. Der gesellige Teil steht am Anfang des Abends, wo kleine Häppchen und Getränke serviert werden. Das eigentliche Essen wird zwischen 21.00 und 22.00 Uhr gereicht, oft in Form eines Büffets. Die Fleischgerichte stehen mit Rücksicht auf die Vegetarier unter den Gästen separat. Kurz nach dem Essen herrscht allgemeine Aufbruchstimmung. Männer und Frauen neigen oft dazu, sich in getrennten Gruppen zu unterhalten.

Bei privaten Einladungen nach Hause ist es nicht ungewöhnlich, dass der Gast zuerst allein essen darf. Die Familie versorgt ihn aufmerksam und isst danach. Die Tradition entstand in Zeiten, in denen es oft nicht genug zu essen gab und der Gast vor der Familie satt werden sollte. Es kann auch vorkommen, dass die Gäste und Männer zuerst essen, während die Frau sie versorgt. In dem Fall ist es für sie angenehmer, nicht mit Fremden zusammen zu speisen.

Wenn in Indien Essen angeboten wird, lehnt man aus Höflichkeitsgründen einige Male ab, auch wenn man etwas annehmen möchte. Erstens möchte man nicht gierig erscheinen. Zweitens kann der Gastgeber das Gesicht wahren, falls die Essensmenge nicht ausreicht. Der westliche Gastgeber darf es nicht glauben, wenn der indische Gast ihm versichert, dass er satt ist. Ein mehrmaliges Anbieten wird erwartet. Ein westlicher Gast kann die indische Gastfreundschaft schnell als übertrieben fürsorglich empfinden. Wenn man weniger essen will, ist es hilfreich, langsamer zu essen und darauf zu achten, dass der Teller erst am Ende der Mahlzeit leer wird. Sonst wird sofort nachgefüllt. Es ist nicht unbedingt notwendig, alles zu essen, was auf den Teller kommt. Man kann es auch aussprechen, wenn die Speise zu scharf (»spicy«) sein sollte. Es ist allgemein bekannt, dass Europäer nicht so scharf essen können.

Wenn man Inder einladen möchte, ist es ratsam, ein Buffet anzubieten, besonders wenn es sich um einen größeren Personenkreis handelt. Die Vorteile sind zahlreich. Indische Gäste kommen zu unterschiedlichen Zeiten und nicht immer in der zu erwartenden Zahl. Die unterschiedlichen Essgewohnheiten der Gäste können auch besser berücksichtigt werden. Es ist für die Vegetarier angenehmer, weil die fleischlosen Gerichte an einem getrennten Tisch angeboten werden können. Da der indische Gaumen sehr anspruchsvoll ist, ist es insgesamt eine gute Lösung, einen Catering-Service zu beauftragen. (Mehr dazu unter »Essen und Trinken«).

■ Gesprächsthemen

In einer Gruppe von Indern ist es kaum möglich, ohne Gesprächsstoff zu sein. Es werden viele, zum Teil sehr persönliche Fragen wie etwa nach dem Familienstand oder Gehalt gestellt. Es bietet sich umgekehrt an, die gleichen Fragen zu stellen oder allgemeine Fragen zum Thema Indien. Weitere geeignete Themen sind: Sport (Indien ist sehr sportinteressiert, besonders Cricket), Musik (es wird in Gruppen gern gesungen), Filme, Hobbys etc.

Auch das aktuelle Tagesgeschehen bietet Gesprächsstoff, da Inder eifrige Leser sind. Eine Gruppenunterhaltung ist lebhaft und aus deutscher Sicht oft oberflächlich. Ernstere Themen werden selten angeschnitten und man bleibt nicht lange beim selben Thema. Es wird gern gelacht.

Der Ausländer macht sich mit kritischen Bemerkungen über Indien unbeliebt, selbst wenn die Inder seiner Ansicht sind. Besserwisserische Ratschläge und kritische Fragen über unangenehme Themen wie Armut, Kaste usw. sind auch zu vermeiden. Die Themen Kaste und Religion können im privaten Umfeld, sehr allgemein formuliert, angeschnitten werden (»Unfortunately I don't know much about Hinduism. Maybe you could tell me something about it?«). Die Beziehung zu Pakistan und die Rüstungs- und Atompolitik Indiens sind weitere heikle Themen, die nur mit Samthandschuhen angefasst werden sollten. Auch Themen, die mit Sexualität zu tun haben, eignen sich nicht für Gespräche.

> Tipp: Es gehört sich nicht, kritische Bemerkungen über Religion oder Kultur zu machen.

In Indien herrscht ein verspielter Umgang mit Sprache. Sogar Verkehrshinweise reimen sich (»A little care makes accidents rare«) oder beinhalten Wortspiele (»It's better to be late, Mr. Motorist, than to be the late Mr. Motorist«). Humor kommt in Indien sehr gut an, wenn er nicht gegen andere gerichtet ist. Sarkasmus ist zu meiden, bei Ironie ist Vorsicht zu empfehlen. Inder machen gern Witze über sich selbst, auch in der Werbung. Der ausländische Expat darf den Indern natürlich nicht Recht geben.

■ Geschenke

Das Schenken hat in Indien eher einen rituellen Charakter und ist wenig persönlich. Unter Freunden sind Gastgeschenke in der Regel nicht üblich. Unter Bekannten oder beim ersten Besuch ist eine Kleinigkeit wie Obst oder Süßigkeiten als Mitbringsel geeignet. Wenn die Familie Kinder hat, wird ein kleines Geschenk für diese gern gesehen. Deutsche Schokolade ist in Indien sehr begehrt. Süßigkeiten, die mit einer Tradition verbunden sind, wie Osterhasen, Weihnachtsgebäck oder Adventskalender, kommen besonders gut an. Auch gutes Trockenobst oder Nüsse eignen sich als Mitbringsel. Geschenke werden in der Regel nicht vor dem Schenkenden ausgepackt, um bei Nichtgefallen Gesichtsverlust zu vermeiden. Außerdem wäre es unangebracht, dem Geschenk mehr Aufmerksamkeit zu widmen als dem Gast. Man bedankt sich kurz und legt es zur Seite.

In einer Geschäftsbeziehung oder bei Anlässen wie einer Vertragsunterzeichnung werden offizielle Geschenke wie indisches Kunsthandwerk überreicht. Im Gegenzug kann man Geschenke anbieten, die in Deutschland eher der Rubrik »Kitsch« angehören, wie Zinnbecher, Kalender mit Alpenpanoramen, Kuckucksuhren oder Kristallglasobjekte. Auch Hightech wird geschätzt, besonders wenn es einen Bezug zur Firma des Schenkenden hat. Es ist der Geschäftsbeziehung förderlich, wenn man als Geste ein Geschenk überreicht.

Tipp: Weißes oder schwarzes Geschenkpapier vermeiden. Weiß ist die Trauerfarbe, besonders in Nordindien. Buntes, leuchtendes Papier wird gern gesehen.

■ Essen und Trinken

»Das größte Problem für uns Inder im Ausland ist das Essen.«
P. Sukumar, Ingenieur

Nicht umsonst bezeichnen sich die Inder als »Foodies« oder Essfreudige. Indische Kantinen bieten oft nicht nur Mittagessen, sondern auch Frühstück und Nachmittagsspeisen. Die Inder sind besonders stolz auf ihre Küche. Das gilt für ihre regionale Küche im Inland und für die gesamtindische Küche im Ausland. Die Auslandsinder leiden am meisten darunter, wenn sie keine Möglichkeit haben, indisch zu essen. Die Küche des Subkontinents ist sehr vielfältig – jede Region hat ihre eigenen Kochtraditionen. Selbst Inder kennen nicht alle regionalen Gerichte. Das ist der Grund, weshalb bei Büffets Gerichte fast immer mit Schildern versehen sind.

An der Küste stehen vor allem Fisch und Meeresfrüchte auf der Speisekarte, doch die Zubereitungsarten variieren von Küste zu Küste. So wird etwa der Fisch in Kerala anders zubereitet als in Westbengalen. Die Küche in den Restaurants lässt sich grob in nordindisches und südindisches Essen aufteilen. Typisch für beide ist das »Thali«-Prinzip: ein rundes Tablett mit Reis/indischem Brot und eine Vielzahl von Gemüse und Linsengerichten in Schalen. Traditionell wird bei Festen in Südindien das Thali-Essen auf einem Bananenblatt serviert. Zum Essen wird stilles Wasser oder »Lassi« (ein Joghurtgetränk) getrunken. Sprudel wird »soda« genannt und ist nicht überall erhältlich. Er wird von Indern selten pur getrunken, sondern zusammen mit dem Saft von frisch gepressten Limetten und Zuckersirup als »fresh lime soda«.

Trotz der vielen im Ausland bekannten indischen Hähnchengerichte ist die indische Küche hauptsächlich vegetarisch, Fleischkomponenten sind wählbar. Viele Inder – der Anteil wird auf etwa die Hälfte geschätzt – sind Vegetarier. Der Anteil der Nichtvegetarier ist in Nordindien durch den islamischen Einfluss der Mogulkaiser höher. Die Grundidee hinter der vegetarischen Tradition Indiens war ernährungsphysiologisch: Menschen, die keine körperliche Arbeit verrichten, sollen kein Fleisch essen. Da der Beruf früher mit der entsprechenden Kaste des Menschen zusammenhing, entstand daraus eine kastenbezogene Esstradition. Die Kaste der Gelehrten (Brahmanen) und oft auch die Händlerkaste (Vaishya) waren Vegetarier, im Gegensatz zu den Kriegern (Kshatriya) und Arbeitern (Sudra). Dazu gab es aber regionale Ausnahmen wie die Brahmanen aus Bengalen, die Fisch essen durften, oder umgekehrt Bauernvölker wie die Bishnoi aus Rajasthan, die reine Vegetarier sind.

Heute ist es die Familientradition in der Kindheit und die persönliche Entscheidung, die darüber bestimmt. In den meisten nichtvegetarischen Familien gibt es einzelne Vegetarier und umgekehrt. Es gibt auch Nichtvegetarier, die an bestimmten Wochentagen kein Fleisch essen, andere, die nur Fisch oder Geflügel essen (humorvoll genannt »fishetarian« oder »chicketarian« in Anlehnung an das Wort »vegetarian«), oder einige, die nur Fleisch aus der eigenen Küche essen. Es gibt auch ganz

strenge Vegetarier, hauptsächlich Angehörige der Jain-Religion, die kein
Wurzelgemüse wie Zwiebeln oder Kartoffeln essen, weil die Pflanze bei
der Ernte getötet wird. Christen, Muslime und Parsen sind selten Vegetarier, aber selbst da kann man nicht mit Sicherheit sagen, welche Essgewohnheiten zu erwarten sind. Pilze, Eier und manchmal auch Knob-
lauch gehören zur Kategorie »nichtvegetarisch«.

> Tipp: Inder sprechen offen über ihre Essenstabus. Es ist üblich, sich vor
> einer Einladung danach zu erkundigen.

In der Regel können urbane indische Vegetarier damit umgehen, wenn
der Tischnachbar Fleisch zu sich nimmt, vorausgesetzt, es riecht nicht
stark. Rindfleisch bei Hindus und Schweinefleisch bei Muslimen sind
die Ausnahme und sollten als Zeichen des Respekts in ihrer Gegenwart
gemieden werden. Standard-Restaurants bieten daher nur Hähnchen
und Lamm/Hammelfleisch an, Rindfleisch dagegen gibt es nur in bestimmten Lokalen. Vegetarische Inder klagen darüber, dass deutsche
Kantinen und Restaurants nach Fleisch riechen, und ziehen es daher
vor, ihr eigenes Essen im Büro einzunehmen.

Die Tischsitten in Indien sind vergleichsweise einfach: Mitzubringen
sind gute Laune und Offenheit für die indische Küche. Für Deutsche ist
es manchmal schwieriger, mit den Geräuschen an einem indischen Esstisch umzugehen. Umgekehrt stören sich Inder am Esstisch vor allem
an einem Geräusch: wenn jemand geräuschvoll die Nase mit einem Ta-
schentuch putzt. In Indien ist es in solchen Fällen üblich, sich vom Tisch
zu entfernen oder die Nase hochzuziehen.

Auf dem Subkontinent isst man wegen der – bereits erwähnten –
Unreinheit der linken Hand traditionell mit den Fingern der rechten
Hand. Für Linkshänder aus Europa gibt es den Ausweg, mit Besteck zu
essen. In Mittelklasserestaurants gibt es immer Besteck. Auch in einfachen Lokalen ist ein Löffel nach Aufforderung auffindbar. Von Ausländern wird nicht erwartet, dass sie mit den Fingern essen, aber für die
Bereitschaft, es zu tun, erntet man Anerkennung. Das größte Problem
beim indischen Essen für westliche Ausländer ist meist die Schärfe. In
den größeren Städten gibt es inzwischen viele ausländische, vorwiegend
italienische Lokale, die eine Alternative darstellen. Neben den im Wes-

ten bekannten Sorten von Pizza gibt es dort schärfere Varianten für den indischen Geschmack. Auch vermeintlich bekannte Speisen wie ein Burger oder Sandwich können unerwartet indisch schmecken. Die Spalte »continental dishes« auf der Speisekarte vieler Restaurants bietet in der Regel die Gewissheit, dass diese Speisen weniger gewürzt sind.

Das traditionelle indische Essen basiert auf den Prinzipien des Ayurveda, die vor allem der Erhaltung von Gesundheit dienen. Eine ganz einfache Grundmahlzeit bestehend aus Reis, Roti (indisches Brot), Dal (Linsen) und Gemüse bietet variierend eine Zusammensetzung von Eiweiß, Kohlehydraten und Vitaminen. Die Gewürze, die dazu kommen, sind für ihre Heil- und verdauungsfördernde Wirkung bekannt. Ein Beispiel dafür ist Kurkuma, der indischen Speisen die typische gelbe Farbe verleiht und in anderen Ländern in Tablettenform als Mittel gegen Bluthochdruck erhältlich ist. Für eine harmonische Komposition sollten nach den indischen Ernährungsprinzipien die vier Geschmacksrichtungen – süß, sauer, scharf und salzig – in allen Gerichten vertreten sein, auch wenn eine überwiegt. Rohkost gilt als schwer verdaulich. Die indische Küche kennt nur Tomaten, Gurken, Karotten, Sprossen und Zwiebeln als Salat, und sie werden in kleinen Mengen zum Essen gereicht. Drei warme Mahlzeiten sind in ganz Indien immer noch die Regel, selbst wenn die jüngere Generation am Morgen inzwischen häufig auch zu Cornflakes greift. Da Inder viel Wert auf frisches Essen legen, gibt es eine Vielzahl von Kleinanbietern und Ständen, die selbstgekochtes Essen verkaufen. In Indien gibt es keine Straßenrestaurants mit Sitzgelegenheit. Das liegt nicht nur an den kaum vorhandenen Gehwegen, sondern auch, weil man ungern in der Öffentlichkeit speist. Es ist jedem Inder bewusst, dass es viele ärmere Menschen gibt, die einem das Essen neiden würden. Die »food courts« in den neuen Kaufhäusern (»malls«) bilden da die Ausnahme.

Verbunden mit dem wachsenden Wohlstand und der Verfügbarkeit von Zwischenmahlzeiten ist Übergewicht seit einigen Jahren ein Thema in den Städten Indiens geworden. Laut einer Studie der Apollo-Krankenhauskette von 2009 sind 61 Prozent der Mittelschicht in den Städten übergewichtig – die Männer sind durchschnittlich rund drei Kilo, die Frauen rund sieben Kilo zu schwer. Der Fokus auf Schulaufgaben und Bewegungsmangel führt bei Stadtkindern zu Übergewicht. Hinzu kommt, dass Essen und Liebe in der indischen Erziehung eng miteinander verbunden sind. Eine indische Mutter kann ihrem Kind keinen Essenswunsch abschlagen.

■ Alkohol

Das Trinken von Alkohol wird in Indien sehr unterschiedlich gehandhabt. Es gibt die so genannten »trockenen« Staaten wie Gujarat, wo Alkohol öffentlich weder getrunken noch verkauft werden darf. (Trotzdem ist er auf dem Schwarzmarkt erhältlich und wird zu Hause getrunken.) Bei manchen Indern, besonders in Südindien, ist der Alkoholgenuss verpönt, obwohl die altindischen Götter der Veden der berauschenden Wirkung des so genannten Somasafts nicht abgeneigt waren. Es gibt keine einheimische Tradition des geselligen Trinkens, beispielsweise in einer Kneipe. Der einheimische Alkohol in Form von Arrak oder Toddy (ein Palmenschnaps) ist vor allem ein Rauschmittel für die Unterschicht. Er ist auch nicht in Restaurants zu bestellen. Der 2. Oktober (Gandhis Geburtstag) und Tage der nationalen Trauer sind in ganz Indien alkoholfrei.

Nicht alle Inder sind Abstinenzler. Bei urbanen Indern wird Alkoholtrinken teilweise als Zeichen des sozialen Aufstiegs gesehen. Als Überbleibsel aus der Kolonialzeit trinkt man Bier oder auch Whisky vor dem Abendessen. Inzwischen sind Bars und Pubs in Städten wie Bangalore entstanden, in denen Inder die westliche Trinkkultur kennenlernen können. Nach englischem Vorbild gibt es jedoch eine Sperrstunde für den Ausschank. Im Staat Maharashtra um die Gegend der Stadt Nasik gibt es seit einigen Jahren Weinanbaugebiete mit Weinproben für Besucher. Man ist gerade dabei, eine eigene Weinkultur für die städtische Mittel- und Oberschicht zu entwickeln. Diese Entwicklung wird von einigen konservativen Hindu-Gruppierungen mit Argwohn betrachtet. Bei allen Indern ist Trunkenheit in der Öffentlichkeit mit Gesichtsverlust verbunden.

Tipp: Keinen Alkohol schenken, wenn man sich nicht sicher ist, ob der Empfänger auch wirklich Alkohol trinkt. Sonst ist eine Flasche Whisky oder Cognac willkommen.

▪ Trinkgeld

In Indien geben westliche Ausländer für jede Dienstleistung Trinkgeld. Es wird inzwischen von den Einheimischen erwartet. Die Inder sind weniger großzügig. Ein Trinkgeld im Restaurant ist üblich, aber nicht mehr als 10 Prozent des Rechnungsbetrags. Dasselbe gilt für den Friseur, aber nur, wenn er nicht der Ladeninhaber ist. Normale Taxifahrer bekommen kein Trinkgeld. Wenn man mit einem Touristentaxi mehrere Tage unterwegs ist, bekommt der Fahrer ein Trinkgeld am Ende der Dienstzeit. Die Höhe richtet sich nach der Zufriedenheit des Fahrgasts. Kofferträger im Hotel oder am Flughafen bekommen eine Kleinigkeit, aber nur, wenn sie schwere Koffer tragen mussten. Wenn man bei einer indischen Familie Hausgast ist, ist ein Trinkgeld für die Bediensteten im Haushalt Usus. Über die Höhe wird in diesem Fall die Familie Auskunft geben können.

▪ Kleidung

Weil Inder viel Wert auf ein gepflegtes Äußeres legen, ist das Thema Kleidung wichtig für Expatriats, besonders wenn sie jung sind und leicht mit einem Rucksacktouristen verwechselt werden könnten. Für Männer gibt es nur zu beachten, dass im Geschäftsleben Hemd und lange Hose zu empfehlen sind. Inder haben Vorbehalte gegenüber kurzen Hosen in der Öffentlichkeit. Urbane Inder ziehen sich nur bei Festen oder zu Hause traditionell an. Auf dem Lande wird es anders gehandhabt.

Indische Frauen sind überwiegend traditionell bekleidet, entweder mit einem »Sari« (ein fünf bis sechs Meter langes Tuch, das um den Körper gewickelt wird) oder mit einer »salwar kurta« (indische Hose mit passender Tunika und Schal). In vielen Fabrikhallen hat man Kompromisse schließen müssen, weil der bodenlange Sari der Arbeiterinnen nicht mit Sicherheitsvorkehrungen zu vereinbaren ist. In den Städten wird westliche Kleidung zunehmend beliebter. Es wird befürchtet, dass der Sari im Alltag allmählich aussterben könnte. Bei Festen oder besonderen Anlässen ziehen sich Inderinnen immer traditionell an. Westliche Kleidung gilt als leger und eher für die Freizeit geeignet.

Bei einer europäischen Frau ist im Geschäftsleben ein Hosenanzug oder eine Hose mit Bluse (und Tuch) angebracht. Aber die Wahrscheinlichkeit ist hoch, dass sie bei besonderen Anlässen zu alltäglich angezogen auftritt. Das in Deutschland beliebte schwarze Kleid wirkt in Indien trist, wenn es nicht mit bunten Seidentüchern oder Schmuck aufgewertet wird. Ausländer können indische Kleidung anziehen, wenn man den Rat eines Einheimischen bei der Wahl einbezieht. Sonst könnte man unter Umständen wie ein Tourist aussehen. Von Bikinis in der Öffentlichkeit wird abgeraten.

Die Definition von angemessener Kleidung für Frauen unterscheidet sich von der der westlichen Welt. Traditionell sollen die Beine und Schultern bedeckt bleiben, auch wenn Röcke mittlerweile in vielen Städten zu sehen sind. Der Bauch oder die Taille dagegen müssen nicht bedeckt sein, wie im Sari oder »Ghagra-choli« (ein bodenlanger Rock mit passendem Oberteil und Schal). In beiden Fällen wird Stoff um den Oberkörper drapiert. Außer in ein paar Städten wie Mumbai erregen Frauen in kurzen Röcken oder Hosen und schulterfreien, eng anliegenden Oberteilen unerwünschte Aufmerksamkeit. Schals und Stolas sind eine gute Möglichkeit, weniger Blicke auf sich zu ziehen.

Straßenschuhe gelten als unrein, nicht nur weil sie aus Leder sind, sondern auch aus hygienschen Gründen. Daher werden sie in vielen indischen Haushalten vor der Haustür ausgezogen. Das ist meist leicht erkennbar an den vielen Schuhen, die dort stehen. In anderen Haushalten dürfen die Schuhe im Wohnzimmer angelassen werden. In der Küche und im »pooja room« (Gebetszimmer) sind Schuhe grundsätzlich nicht erlaubt. Dasselbe gilt auch für den Besuch von Tempelanlagen.

Tipp: Bei einem Tempelbesuch alte Socken anziehen. Sie schützen die Fußsohlen vor der Hitze der Steine im Tempelhof und vor möglichen Keimen.

Wegen der Hygiene müssen in vielen Arztpraxen, Läden und Krankenhäusern die Schuhe am Eingang ausgezogen werden. Wie in der arabischen Welt gilt es als eine besondere Beleidigung, jemanden mit einem Schuh zu bewerfen. Trotzdem (oder gerade deswegen) geschieht es häufig im indischen Parlament, wenn ein besonders brenzliges Thema ausdiskutiert wird.

■ Die indische Vorstellung von Moral

Trotz politischer Korruption und öffentlicher Skandale im eigenen Land haben viele Inder ein Gefühl der moralischen Überlegenheit gegenüber der westlichen Welt. Diese Überlegenheit bezieht sich nicht auf Themen wie öffentliche Ehrbarkeit, sondern auf die Sexualmoral auf der Individualebene. Interessanterweise waren die alten Inder diesbezüglich weit weniger konservativ. Das berühmte Werk »Kamasutra« (das Handbuch der körperlichen Liebe), die erotischen Skulpturen der Tempel von Khajuraho oder die Liebeslieder und bildlichen Darstellungen um die Gottheit Krischna sind Zeugen davon.

Im alten Hinduismus gab es Strömungen, die die körperliche Liebe als Analogie zur Vereinigung der Seele mit der universellen (göttlichen) Seele darstellten. Dieses kulturelle Erbe ist trotz der Herrschaft der islamischen Moguln und der Prüderie der englischen Kolonialherrscher im Zeitalter Königin Victorias bis heute erhalten geblieben. Die Einstellung der Bevölkerung ist jedoch über die Jahrhunderte konservativ geworden. Hier gibt es eine für Indien ungewöhnliche Trennung zwischen alter Tradition und Alltagsleben. Man betet im Tempel Shivas, aber es wird darüber geschwiegen, dass der »Lingam« des Gottes ein phallisches Symbol darstellt.

Anstatt Gesetzen existiert ein Kodex für jede soziale Schicht, der viel verpflichtender ist, weil er mit dem Stellenwert der Familienbindung und der Beziehungen zusammenhängt. »Was werden die Leute über uns denken/sagen?«, ist die rhetorische Frage, die Inder ein Leben lang begleitet, auch im beruflichen Umfeld. Beispielsweise ist es für junge Unverheiratete – vor allem Mädchen – nicht ratsam, eine Beziehung ohne Aussicht auf Heirat einzugehen, weil dadurch die Chancen auf dem Heiratsmarkt geschmälert werden (→ siehe Kapitel 2). Außer vielleicht in einer Stadt wie Mumbai leben ledige Frauen nie allein, sondern als »paying guests« bei einer Familie oder in Wohngemeinschaften. Ein Zusammenleben vor der Ehe ist für indische Eltern undenkbar, auch wenn Menschen im Showgeschäft dies offen tun. Ein Austausch von Zärtlichkeiten in der Öffentlichkeit beschränkt sich auf das Händchenhalten in ein paar Großstädten, in kleineren Städten und auf dem Lande wäre selbst das zu gewagt. Obwohl die Scheidungsrate in den Städten steigt

Abbildung 13: Restaurationsarbeiten an hinduistischen Götterfiguren inmitten der Hauptstadt Neu-Delhi, November 2008 (© Nina Papiorek)

und landesweit circa ein Prozent erreicht hat, ist das Thema Scheidung peinlich. Weder die freizügige Werbung noch die Bollywood-Tanzszenen spiegeln diesbezüglich die Realität im bürgerlichen Leben Indiens wider.

Die Freizügigkeit der westlichen Frauenbekleidung – besonders am Strand – ist ein Grund dafür, warum in Indien die Vorstellung einer westlichen Welt ohne Tabus herrscht. Hinzu kommen andere Faktoren wie die hohe Scheidungsrate oder das Zusammenleben ohne Trauschein. Inder reagieren bei Verstößen gegen ihre Vorstellung von Sittlichkeit eher verstört als bei Nichtbeachtung von Bräuchen. Bei Tabubrüchen ist die Toleranzschwelle gegenüber Europäern in Indien höher, weil sie bekanntlich »anders« sind. Vieles davon erscheint Europäern manchmal prüde und vielleicht auch ein wenig rückständig. Doch wenn man in Indien nicht an Ansehen verlieren will, ist es ratsam, einige der oben genannten Punkte zu beachten.

Tipp: Ein Expatpaar hat es einfacher, wenn es verheiratet ist oder sich als Ehepaar vorstellt.

Auch bei den indischen Moralvorstellungen gibt es Paradoxe, vergleicht man die Einstellung zur Homosexualität mit der zu den »Hijras«, dem sogenannten »dritten Geschlecht«. So wurde Homosexualität über viele Jahre in Indien totgeschwiegen. Obwohl ein Gesetz aus der Kolonialzeit (1860) dagegen existierte, wurde sie so gut wie nie strafrechtlich verfolgt. 2009 hat das oberste Gericht Neu-Delhis dieses Gesetz revidiert. Inzwischen sieht man auch in Indien homosexuelle Aktivisten in der Öffentlichkeit. Es gibt sogar einen Bollywood-Film, der von diesem Thema handelt. Von Bürgertum und religiösen Instanzen wird es dennoch verpönt, besonders weil das Lebensziel Ehe einen sehr hohen Stellenwert hat. Die Bereitschaft, sich mit diesem Thema auseinanderzusetzen, ist noch nicht vorhanden.

Parallel dazu gibt es eine jahrtausendealte Tradition der »Hijras«, die auf Europäer oft befremdlich wirkt. Sie sind die Grenzgänger zwischen den Geschlechtern und sehen meist aus wie Männer in Frauenkleidung. Sie sollen Glück bringen, zum Beispiel bei Hochzeiten im Norden Indiens, wo eine Truppe von singenden und tanzenden »Hijras« angeheuert wird. Sie segnen Neugeborene sowie Häuser und Büros. Bei anderen Festen treten sie auch ohne Einladung auf. Sie sollen wahrsagen können, und ihr Fluch wird gefürchtet. Auch wenn sie marginalisiert sind, haben sie eine öffentliche Identität (»Transgender«). Einmal im Jahr feiern sie ein zweiwöchiges Festival in einem kleinen südindischen Ort.

In Indien wird jedes Phänomen sozial akzeptabel, sobald es mit dem Übernatürlichen gekoppelt wird. Homosexuelle können mit so etwas nicht aufwarten.

■ Kapitel 10: Das Leben als Expat

>»Sich selbst verstehen und die anderen verstehen
sind eng miteinander verknüpft.«
Edward T. Hall, Kulturwissenschaftler

Der Erfolg eines Auslandsaufenthalts hängt von vielen Faktoren ab. Zusammen mit den individuellen Faktoren wie Persönlichkeit, Werte und Einstellung spielen selbstverständlich auch die Erlebnisse in Indien eine Rolle. Die Erfahrung aber zeigt, dass deutsche Expats, die Offenheit für andere Denk- und Arbeitsmuster mitbringen, von Indien begeistert sind.

Das Leben als Expatriat ist auf dem Subkontinent in der Regel äußerst komfortabel, wenn man nicht genau dieselben Annehmlichkeiten erwartet wie in Deutschland. Gegenüber dem Leben in der Bundesrepublik ist es meist mit vielen Vorteilen und Privilegien verbunden: So leben die Expatriats in Indien beispielsweise oft in größeren Häusern als zu Hause und verfügen über mehrere Angestellte, die ihnen den Haushalt abnehmen. Das gilt besonders für das Leben in vergleichsweise kleineren Städten – die in Indien aber durchaus eine Million und mehr Einwohner haben können. Viele Europäer erfahren beim Ankommen in Indien einen Kulturschock, bei der Rückkehr nach Europa aber auch einen so genannten »Eigenkultur-Schock«, nicht zuletzt weil es ihnen schwer fällt, sich nach einem längeren Indienaufenthalt wieder an die Alltäglichkeit und den vergleichsweise geringeren Status im eigenen Land zu gewöhnen.

■ Wohnen

Der indische Wohnungsmarkt gilt als sehr unübersichtlich – insbesondere für Ausländer. Deswegen empfiehlt es sich, entweder einen Makler oder eine eigens dafür zuständige »Relocation«-Agentur damit zu beauftragen. Viele Firmen arbeiten fest mit solchen Agenturen zusammen und sind bei der Wohnungssuche behilflich. Einige der Agenturen und Makler kennen die westlichen Ansprüche sehr genau und können bereits eine gute Vorauswahl treffen.

Die Anforderungen indischer Mieter oder Käufer an eine Wohnung oder ein Haus sind nicht mit denen deutscher Mieter oder Käufer vergleichbar. Den Indern ist vor allem die richtige Wohngegend wichtig. So werden in einer Studie von 2009 der Immobilienfirma Knight Frank als Hauptkriterien für die Wohnungssuche in Indien erstens eine Lage mit guten Einkaufsmöglichkeiten, zweitens die Nähe zum Freundes- und Bekanntenkreis sowie drittens eine gute Verkehrsanbindung genannt. In den meisten Neubaugebieten folgen kurz nach den Häusern auch prompt die Läden, sonst ist es für Inder eine wenig attraktive Wohngegend.

Im Gegensatz dazu empfinden die meisten Inder das von vielen Deutschen bevorzugte ruhige Landleben als einsam und mit buchstäblicher Totenstille verbunden. Ein Haus auf dem Lande besitzen wohlhabende Inder lediglich für ihre Ausflüge mit der Großfamilie. Die Gruppenorientierung spiegelt sich in der Vorliebe für Hochhäuser wider, in denen auch die Nachbarn und deren Alltagsleben wahrgenommen werden. Die großen freistehenden Häuser in einer »Metro« (Großstadt) gehören entweder den ganz Reichen oder sie sind schon sehr alt.

Der Milliardär Ambani von der Firma Reliance beispielsweise hat statt eines Anwesens auf dem Lande 2007 ein Hochhaus mit 27 Stockwerken für seine sechsköpfige Familie, Gäste und etwa 600 Bedienstete in der Stadt Mumbai bauen lassen. Wohnkomplexe der gehobenen Klasse verfügen in Indien meist über ihr eigenes Schwimmbad und Sportmöglichkeiten.

▓ Wohnungen und Häuser

>»In Deutschland habe ich immer Angst,
>dass etwas in der Wohnung kaputtgehen kann.«
>Neelakant, Ingenieur

Die bereits erwähnte Studie führt auch die Kriterien für den Wohnungs-kauf in der südindischen Stadt Chennai (ehemals Madras) auf. Ganz oben auf der Liste der Prioritäten steht eine gute Wasserversorgung, gefolgt von wenig Verkehrslärm, Sicherheit und Preis. Erst danach folgt das Kriterium der kontinuierlichen Stromversorgung. Das hängt damit zusammen, dass viele Haushalte über einen eigenen Generator zur Stromgewinnung ver-fügen. Die Wasserversorgung an erster Stelle ist ein deutliches Indiz für das Wasserproblem in vielen indischen Großstädten.

Indische Wohnungen werden im angloamerikanischen Stil nach der Anzahl der Schlafzimmer ausgewiesen. In der Regel verfügt jedes Schlaf-zimmer über ein eigenes Bad/Toilette. Die Wohnfläche (»carpet area«) wird in Quadratfuß angegeben. Der Begriff »built-up area« beinhaltet die Wohnfläche und die Fläche der Wände. Die Häuser sind nicht unterkel-lert. Im Vergleich zu Deutschland ist die Bauweise weniger solide. Als Bau-material wird meist Naturstein verwendet, besonders in der Küche. Die Küchen sind vergleichsweise zweckmäßig eingerichtet; es wird mit Gas gekocht. Weder Küche noch Bad werden als Teil der Wohnfläche betrach-tet und dementsprechend oft vernachlässigt. In einigen Wohnungen gibt es neben der in Deutschland üblichen Toilette die indische Variante (»in-dian style toilet«), bei der die Toilettenschüssel in den Boden eingelassen ist. Diese Variante ist zwar hygienisch, aber nicht sonderlich bequem oder ästhetisch. In den meisten indischen Wohnungen gibt es ein kleineres Zimmer, das als »pooja room« (Gebetszimmer) ausgewiesen wird, das aber auch für andere Zwecke benutzt werden kann.

Inder ziehen es meist vor, in einer Wohnanlage (»colony«, »gated community«) zu leben. Besonders in gehobenen Gegenden sind die Wohnungen und Grünanlagen gut gepflegt und es gibt eigene Spielplät-ze oder gar ein Schwimmbad. Von den oberen Stockwerken hat man oft einen schönen Blick auf die umliegenden Baumkronen. Wenn die Woh-nung nicht durchweg klimatisiert ist, achtet man auf einen ausreichenden Luftzug durch die Räume. In den meisten Wohnungen sind wegen des hohen Stromverbrauchs lediglich die Schlafräume klimatisiert.

Ausländer sind gern gesehene Mieter, nicht nur wegen der oft höheren Mieteinnahmen, sondern auch, weil sie den Ruf genießen, das Haus in gutem Zustand zu halten. Der Mietvertrag (»lease« genannt) wird über einen festen Zeitraum abgeschlossen, meistens über ein bis drei Jahre.

■ Vastu

In Inseraten wird manchmal erwähnt, die Wohnung sei nach »Vastu«-Prinzipien gebaut. »Vastu« ist die ursprüngliche Lehre für »Feng Shui« aus dem fernen Osten, die in Europa bekannter ist als das Vastu. Sie ist eine alte Lehre, wonach ganzheitliche Bauprinzipien durch das Vereinen von Architektur, Design, Astrologie, Astronomie und anderen Themenkreisen eingesetzt werden. Dadurch wird der Energiefluss des Wohnraums harmonisiert, um das körperliche, geistige und seelische Gleichgewicht der Bewohner zu fördern. Die vier Himmelsrichtungen spielen dabei eine wichtige Rolle. Da es beispielsweise nach den Prinzipien des Vastu der Ruhe abträglich ist, mit dem Kopf im Norden zu schlafen, werden die Schlafzimmer dementsprechend gelegt. Auch Fabrikhallen und Bürogebäude werden gemäß dieser Prinzipien entworfen.

■ Privatsphäre

Die Familien- und Gruppenorientierung der Inder hat auch Auswirkungen auf das Leben der Expats. So existiert in den indischen Sprachen kein Wort für »Privatsphäre« im westlichen Sinne. Das bezieht sich auch auf körperliche Nähe: In den überfüllten Bussen, Zügen und Aufzügen stehen Männer wie Frauen erdrückend nah beieinander. Unter Freunden dagegen gibt es viel – freiwilligen – Körperkontakt (→ Kapitel 9).

Außerdem interessieren sich die Inder für die Person, was sich beispielsweise durch Fragen wie »Wie viele Kinder haben Sie?« oder »Sind Sie verheiratet?« äußert. Werden diese Fragen verneint, ist es durchaus denkbar, darauf mit einem »Warum?« konfrontiert zu werden. Beim ersten Kennenlernen wird in der Regel nach dem Wohnort, dem Beruf und der Familie gefragt. Dabei wird allerdings nicht erwartet, dass alle Fragen beantwortet werden, auch eine freundliche, humorvolle und gleichzeitig ausweichende Antwort wird akzeptiert. Inder tauschen sich in der Regel untereinander sehr rege aus, dabei sind auch Fragen über die Höhe des Verdienstes kein Tabu.

Als Expat in Indien sollte man nicht vergessen, dass es auf dem Subkontinent kaum möglich ist, etwas geheim zu halten. In Metropolen wie Mumbai ist für indische Verhältnisse die Trennung zwischen Privat- und Berufsleben eher gegeben.

Wie schnell sich Informationen verbreiten und auch spontane Bemerkungen am Arbeitsplatz meist in kürzester Zeit die Runde machen können, zeigt der Fall eines deutschen Expats in Bangalore: Er kam eines Morgens eine halbe Stunde später zur Arbeit, weil er überraschend mit seinem Kind zum Arzt musste. Noch bevor er überhaupt im Büro angekommen war, wussten bereits alle Kollegen von der Neuigkeit und er wurde mit ihren besorgten Fragen überhäuft. Vermutlich hatte es der Fahrer über das Handy an das übrige Personal im Büro ausgeplaudert.

In Städten wie Mumbai oder Bangalore gehören »weiße« Ausländer eher zum Straßenbild. Gleiches gilt für die Touristenattraktionen Indiens. In kleineren Städten oder auf dem Lande ist der Anblick immer noch so ungewöhnlich, dass Passanten stehenbleiben, um Hellhäutige anzuschauen. Man wird oft von Kindern umringt. Dunkelhaarige und Männer haben es etwas leichter.

■ Dienstpersonal

> »Der wichtigste Mensch hinter einer Frau ist nicht der Mann,
> sondern das Dienstmädchen.«
> Vinita Bali, Managing Director, Britannia Industries

Indien ist eine ausgeprägte Dienstleistungsgesellschaft. Fast jede Familie hat ihr eigenes Hauspersonal, im Supermarkt werden die Einkäufe eingepackt, und die Türsteher in größeren Läden öffnen den Kunden die Türen. Im Taj-Mahal-Hotel in Mumbai gibt es sogar Personal in der

Männertoilette, um dem Besucher den Wasserhahn aufzudrehen, den Seifenspender zu drücken und schließlich das Handtuch zu reichen. Der Höhepunkt der Servicefreundlichkeit folgt meist am Schluss: Sie bedanken sich bei dem Toilettenbesucher.

Auf viele Mitteleuropäer wirkt die Vorstellung von Dienstpersonal eher abstoßend. Sie erscheint elitär und nicht vereinbar mit der Menschenwürde. Für Inder gibt es viele gute Gründe, warum man nicht darauf verzichten sollte. Indische Hausdiener (»servant« genannt) sind in der Regel Menschen, die keine sonstigen Berufe ausüben können. Es für sie der einzige Ausweg aus der Arbeitslosigkeit. Außerdem ist aufgrund des heißen Klimas und der schwierigen Infrastruktur die Haus- und Gartenarbeit viel anstrengender und zeitaufwändiger als in Europa. Auch gehört Dienstpersonal zu einem gewissen sozialen Status: Die Expatfrau, die ihren eigenen Hof kehrt, macht sich lediglich lächerlich.

Die Hausangestellten sind meist völlig von ihren Dienstherren abhängig. Das Verhältnis zwischen dem Personal und den Familien gestaltet sich unterschiedlich: Einmal ist es sehr familiär, einmal werden die Angestellten ausgebeutet. Heute wird in manchen größeren Städten wie Chennai, Mumbai oder Bangalore gutes Dienstpersonal knapper, was inzwischen zu höheren Löhnen und Fluktuation geführt hat. In Städten wie Kalkutta, wo es viele Arbeitssuchende aus dem benachbarten armen Bundesstaat Bihar gibt, ist das Angebot dagegen um einiges größer und die Löhne sind deutlich niedriger.

Eine Putzhilfe gehört in jeden Mittelschichthaushalt und ebenso zu Wohngemeinschaften junger Menschen. Nach Absprache ist sie auch für die Wäsche und für das Abspülen zuständig. Diese Zusammensetzung von Aufgaben wird »top work« genannt. Bei Bedarf kann man zusätzlich eine(n) Koch/Köchin, Kinderfrau, Wächter oder Gärtner einstellen. Für Expats gehört ein Fahrer häufig auch zu einer Art Grundausstattung. Die Hausherrin ist für das Personal zuständig. Sie erteilt die Anweisungen; ebenso wendet man sich bei Fragen und Problemen an sie. Der Fahrer dagegen zählt zum beruflichen Umfeld und richtet sich eher nach dem Hausherren.

Die Hierarchien und Aufgabentrennung der indischen Gesellschaft spiegeln sich auch im Mikrokosmos des Dienstpersonals wider. Es gibt eine Rangordnung, mit dem Koch an oberster und dem Müllmann an unterster Stelle. Ein Koch ist daher nicht gewillt, »minderwertige« Tätigkeiten im Bereich des Reinigungspersonals auszuführen. Bis vor etwa dreißig Jahren war die Toilettenreinigung eine Aufgabe der untersten Kasten und wurde vom Dienstmädchen verweigert. Diese Haltung ist gelegentlich auf dem Lande noch anzutreffen.

Die Führung von Dienstpersonal ist eine Managementaufgabe, die nicht unterschätzt werden darf. Erfahrene Dienstmädchen sind oft kompetent und zuverlässig. Weniger Erfahrene benötigen dieselbe Einführung, Betreuung und Kontrolle wie Anfänger in anderen Berufszweigen. Explizite und detaillierte Anweisungen sind unbedingt erforderlich, wie beispielsweise für den Umgang mit Haushaltsgeräten. Unerfahrene Dienstmädchen, die weder mit Kühlschrank noch mit Küchenmaschine vertraut sind, gehen mit Geräten dementsprechend unsachgemäß um.

Es ist offenkundig, dass in Indien eine höhere Toleranzschwelle für Schmutz herrscht als in Deutschland. Selbst Expats berichten, wie sie bereits innerhalb von einigen Monaten vor Ort den herumliegenden Müll auf den Straßen nicht mehr wahrnehmen. Daher ist es notwendig, das Reinigungspersonal auf nicht gesehene Stellen aufmerksam zu machen. Bei Neulingen vom Lande sind Hinweise über die Alltagshygiene vonnöten, besonders wenn sie bei der Küchenarbeit oder Kinderbetreuung eingesetzt werden.

Wenn man eine funktionierende Beziehung zum Dienstpersonal aufgebaut hat, ist es üblich, dass die Angestellten sich Geld von ihrem Arbeitgeber vorstrecken lassen. Krankheiten, Todesfälle oder Feiern in der Großfamilie führen dazu, dass viele Menschen immer wieder knapp bei Kasse sind. Die Höhe der Summe liegt im Ermessen des Arbeitgebers, aber es hat eine problematische Signalwirkung, das Geld als Geschenk zu überreichen. Es ist nicht nur eine Aufforderung zur Unselbstständigkeit, sondern kann schnell auch zu einem Fass ohne Boden werden. Die Summe soll als Darlehen in kleineren Summen monatlich vom Gehalt abgezogen werden, bis die Schuld getilgt ist. Oft passiert diese Tilgung nicht innerhalb der Zeit in Indien und die »Befreiung« von der Restschuld erfolgt automatisch.

Üblich ist es dagegen, bei Festtagen wie Diwali eine kleine Geldsumme zu schenken. Auch Überstunden oder Zusatzaufgaben werden entlohnt. Ausrangierte Kleider, Geschirr oder auch Sperrmüll werden nicht entsorgt, sondern dem Dienstpersonal als Sachspende ausgehändigt. Sogar Dinge wie Altpapier und Alufolie werden den Angestellten überlassen, weil sie eine Einnahmequelle für sie darstellen.

▨ Sicherheit

Die Ehrlichkeit des Dienstpersonals ist mit dem Thema Sicherheit eng verknüpft. Es besteht kaum die Gefahr, dass man von den Bediensteten ausgeraubt wird, auch wenn es laut Zeitungsberichten immer wieder passiert. Am besten wird das Hauspersonal jedoch trotzdem über Empfehlungen angeheuert. Entweder haben sie beim Vormieter gearbeitet oder sie sind mit den Bediensteten der Nachbarn oder Bekannten verwandt oder verschwägert. Dadurch besteht eine Art »Bürgschaft« für ihren Ruf.

Gelegentlich können dennoch Kleinigkeiten aus dem Haus verschwinden, besonders wenn die Hausherren etwas nachlässig sind. In der Regel sollten Wertsachen in Indien immer in einem abschließbaren Metallschrank aufbewahrt werden, um die Versuchung zu minimieren. Falls dennoch eine Kleinigkeit verschwinden sollte, darf man es nicht übersehen. Eine Aufforderung, nach diesem »verlorenen« Gegenstand zu suchen, reicht meistens aus, um ihn wieder zu »finden« – und zwar ohne Gesichtsverlust für beide Parteien. Man sollte wissen, dass die Bediensteten häufig noch viele weitere Verwandte zu versorgen haben. Dabei sollte nicht vergessen werden, dass Bedienstete trotz eines eventuellen Gelegenheitsdiebstahls den Arbeitgebern und ihren Kindern eine große Loyalität entgegenbringen.

Abgesehen vom Straßenverkehr entstehen Sicherheitsrisiken in der Öffentlichkeit meist wegen der riesigen Menschenmassen. Bei einer Großdemonstration bleibt man am besten zu Hause, weil die Verläufe der Veranstaltungen unberechenbar sind. Arbeitnehmer bekommen daher den Tag frei. Große Menschenmassen stellen ein Risiko dar. Die indischen Behörden haben Erfahrung mit Riesenveranstaltungen wie dem Hindu-Fest Kumbh Mela im Januar, der größten Menschenansammlung der Welt. Trotzdem kommt es manchmal zu Panikreaktionen, bei denen Menschen zu Tode getrampelt werden.

Sporadische Unruhen, ausgelöst durch bewaffnete maoistische Bewegungen (»Naxaliten«), sind ein Thema in den ländlichen Gebieten einiger Staaten im so genannten »Red Corridor«. Andere Staaten im Nordosten des Landes wie Assam, Manipur, Nagaland sind von politischen/separatistischen Unruhen betroffen. In der Regel werden diese Staaten von ausländischen Investoren auch nicht als Standorte bevorzugt. Wenngleich sich die Gewalttaten in diesen Regionen nicht gegen Ausländer richten, sind Reisende dort Unwägbarkeiten ausgesetzt. Wegen der Gefahr terroristischer Anschläge wird von Reisen nach Jammu und Kaschmir abgeraten. Besondere Reisegenehmigungen werden für einige Staaten im Nordosten und für die Inselgruppe der Andamanen benötigt.

Terroranschläge von islamischen Extremisten sind natürlich weder örtlich begrenzt noch vorhersehbar. Sicherheitskontrollen bei Personen und von Autos sind inzwischen die Regel, sowohl in Hotels als auch bei internationalen Konferenzen oder in großen Kaufhäusern. Der Anblick von bewaffneter Sicherheitspolizei ist mittlerweile zur Routine geworden.

Im Alltag ist auch ein Gang durch die Straßen ein Sicherheitsthema auf Mikroebene. Alle Sinne sollten im Einsatz sein, weil man unberechenbaren Verkehrsteilnehmern, Schlaglöchern und streunenden Hunden begegnet.

■ Kriminalität

Die Kriminalstatistik in Indien weist viele unterschiedliche Delikte aus, darunter viele indienspezifische wie Mitgiftvergehen oder Kindesheirat. Auch Raub und Gewaltverbrechen kommen vor, jedoch mit regionalen Unterschieden: Die Bundesstaaten Uttar Pradesh und Bihar haben die höchste Rate von Gewaltverbrechen. Frauen sollten sich überall von Vorsicht leiten lassen: Von Spaziergängen allein zu später Stunde ist dringend abzuraten.

Dennoch ist Indien nicht so gefährlich, wie man aus den Medien entnehmen könnte. Falls man von Bettlern oder Verkäufern umringt wird, ist es in der Regel eher lästig als gefährlich. (Man kann in das nächstgelegene

Geschäft eintreten, um ihnen zu entkommen.) Das Risiko, überfallen zu werden, ist gering, dafür ist die Gelegenheitskriminalität in Indien weit verbreitet. Taschendiebe sind in der Nähe von Sehenswürdigkeiten besonders aktiv. Unbeaufsichtigte Gepäckstücke, vergessene Gegenstände und sogar Gullydeckel verschwinden. Im Zug werden die Koffer mit einer Art Fahrradkette abgesichert. Wohnungsfenster sind immer vergittert und man achtet darauf, dass die Häuser bewohnt wirken. Das ist der Grund für die vielen Wächter, die am Hauseingang oder an der Einfahrt stehen. Ein flüchtiger Blick genügt häufig, um zu erkennen, dass das Wachpersonal eher eine Alibifunktion hat. Oft sind es ältere Männer, die vor dem Eingang halbdösend ihre Rente aufbessern. Dennoch haben sie eine – möglicherweise symbolische – Schutzwirkung.

■ Armut

Für viele Ausländer ist der Anblick von bettelnden Kindern und hungernden Hunden anfangs erschütternd. In Indien sind Betteln, Kinderarbeit und andere Formen der Armut nicht übersehbar, auch wenn sie immer weniger werden und wenn man sich – wie die indische Mittelschicht – mit der Zeit daran gewöhnt. Laut Unicef waren 2008 allein in der Baumwollindustrie im Staat Andhra Pradesh circa 20.000 Kinder beschäftigt, vorwiegend Mädchen. Kinderarbeit ist eine alltägliche Erscheinung auf Indiens Straßen, auch wenn sie abnimmt.

Dennoch erweisen sich manche erste Beobachtungen als vereinfacht. Viele Kinder arbeiten beispielsweise an Tankstellen, um das Geld für die Schule aufzubringen. Nicht jeder, der unter einem Baum schläft, ist unbedingt obdachlos. Besonders in der Stadt sind es oft Arbeiter, die aus dem Umland kommen und für die es sich nicht lohnt, täglich zur Arbeit zu pendeln. Auf dem Boden zu schlafen ist sowieso gängig in Indien. Nicht nur Dienstpersonal, sondern auch Gäste, für die nicht genug Betten zur Verfügung stehen, machen es sich auf dem Boden bequem.

Das Wirtschaftswachstum und staatliche Maßnahmen haben dazu geführt, dass die Zahl der Armen seit den 1970er Jahren kontinuierlich gesunken ist. Ein Großteil der armen Inder lebt auf dem Lande, auch wenn die Zahl regional sehr unterschiedlich ist. Die Mehrheit der armen

Slumbewohner in den Städten ist nicht – wie oft angenommen – arbeitslos, sondern im »informellen« oder Niedriglohnsektor beschäftigt (→ Kapitel 3).

Das Betteln kann für Europäer deprimierend und anstrengend sein, weil ihr Anblick Bettler regelrecht »anzieht«. Das Grundproblem liegt auch darin, dass Betteln ein traditioneller Beruf in Indien ist und bis in die 1980er Jahre sogar statistisch als solcher geführt wurde. Dadurch ergreifen die Kinder von Bettlern denselben »Beruf«, anstatt einen anderen Weg zu gehen. Das Betteln wird in Indien traditionell als Erziehung zur Demut akzeptiert. Im Hinduismus gibt es »Sadhus« und »Sannyasis«, die weltlichen Dingen entsagen und von Almosen leben. Dasselbe gilt für die »Bhikku« in buddhistischer Tradition. Bettler sollten besonders abends, samstags und bei besonderen Anlässen immer mit Almosen versorgt werden.

Dieses traditionelle Bettlertum hat sich in den Städten stark gewandelt. Bettler haben eine Innenorganisation mit eigenen »Revieren«. Das von bettelnden Kindern erwirtschaftete Geld wird bestenfalls an die Eltern, sonst an Dritte abgetreten. Es gibt auch Gelegenheitsbettler, die sich beim Anblick eines Touristen einen Nebenverdienst erhoffen. Die Inder selbst geben inzwischen kaum noch Almosen an Bettler, außer an sehr alte Menschen. Fast alle Inder der Mittelschicht sind karitativ aktiv, auch wenn nicht viel darüber gesprochen wird. Einrichtungen wie das NAB (»National Institute for the Blind«) können ihre Arbeit nur wegen der Anzahl der freiwilligen Helfer ausführen. Wohlhabende Ärzte oder Rechtsanwälte bieten ihre Dienste für Kinderheime oder andere soziale Einrichtungen unentgeltlich an. Auch der indische Staat ist bemüht, die Sache in den Griff zu bekommen. Kinderarbeit ist inzwischen verboten, aber sie wird nicht sehr rigoros geahndet. (Westbengalen hat 2009 paradoxerweise einen gutgemeinten Mindestlohn pro Tag für landwirtschaftliche Kinderarbeit eingeführt.)

■ Bürokratie, Recht und Ordnung

Der Weg durch den bürokratischen Dschungel Indiens ist wenig transparent. Auch wenn Regelungen vereinfacht worden sind, existiert im-

mer noch ein Paragrafendickicht, das nur mit der Hilfe von einheimischen Kennern entwirrt werden kann. Bei Behörden gibt es oft Verzögerungen, sei es aus Willkür, wegen mangelnder Organisation, unzähli-
ger Hierarchieebenen oder weil es sich um einen Präzedenzfall handelt.
Ein Beispiel hierfür ist der indische Zoll, wo – zur Verzweiflung warten-
der Betriebe – Waren wochenlang aufgehalten werden können. Deswegen sind Scharen von Vermittlern beschäftigt, Amtsentscheidungen mit
Hilfe der richtigen Verbindungen oder viel Beharrlichkeit zu beschleu-
nigen. Glücklicherweise sind fast alle Expats von alltäglichen Behörden-
gängen befreit, weil die indische Seite es ihnen nicht zumuten will. Bei
größeren Grundsatzentscheidungen, die das Geschäft betreffen, kann es
zum gewünschten Erfolg führen, wenn ein hochrangiger Expat zusammen mit fachkundigen Indern bei Behörden auftritt.

Ein gutes Beispiel für die Unübersichtlichkeit der indischen Bürokratie ist das Ausweissystem. Anstelle eines allgemeingültigen Personalaus-
weises gibt es mindestens fünf unterschiedliche Möglichkeiten. Darunter sind Pass, Wählerausweis, Führerschein und die so genannte »PAN
card« des Finanzamts. Viele Menschen besitzen gar keine Ausweise. Um
zu beweisen, dass man lebt, beispielsweise wegen der Fortzahlung der
Witwenrente, muss die Witwe einmal jährlich persönlich bei der Bank
erscheinen. Seit den jüngsten Terroranschlägen hat die indische Regierung das ehrgeizige Vorhaben, alle Bürger mit Identitätsdokumenten
auszurüsten. Die Nummern sollen in einer zentralen Datenbank erfasst
werden.

Obwohl Indien ein funktionierendes, dem britischen Common Law
angelehntes Rechtssystem hat, ist der Rechtsweg selten die optimale Lösung. Er dauert vor allem sehr lange. Die Gerichte in Indien sind über-
lastet und ein Verfahren kann problemlos bis zu zwanzig Jahre dauern.
Daher versucht man lieber, sich gütlich zu einigen, sowohl privat als
auch über ein Schiedsgericht. Sogar bei einem Verkehrsunfall wird die
Polizei möglichst nicht eingeschaltet, weil sich dadurch die Sache nur
verkompliziert. Man hat eine pragmatische, wenig prinzipienorientierte
Einstellung zu Verfahren und Rechtmäßigkeit. Wichtig ist, dass man
zielführend agiert. Um eine Sache rasch und unbürokratisch über die
Bühne zu bringen, helfen beispielsweise Beziehungen. Sonst wird mit
Geld oder Gefälligkeiten nachgeholfen. Ein kleines Verkehrsdelikt kann

unter Umständen mit einem Geldschein an den Straßenpolizisten geklärt werden. Bei Behörden wird indirekt durch einen Mittelsmann verhandelt. Diese Art von Bestechlichkeit ist eher auf den unteren Ebenen anzutreffen, weil der Verdienst bescheiden ist und die Bevölkerung eher Verständnis für die Aufbesserung durch den Verkauf von Gefälligkeiten hat.

Die Expats selbst sollten solche Versuche unterlassen. Erstens kann man aus dem System keine Rückschlüsse auf die Korrumpierbarkeit des Einzelnen ziehen. Es gibt durchaus ehrliche Beamte, die man durch ein derartiges Angebot beleidigen würde. Zweitens ist es manchmal mit Gesichtsverlust verbunden, etwas von einem Ausländer direkt anzunehmen. Am wichtigsten ist jedoch die Tatsache, dass Bestechung auch in Indien offiziell nicht rechtmäßig ist. Der Expat kann sich und seine Firma dadurch in rechtliche Schwierigkeiten bringen. Bei schwierigen Situationen überlässt man es am besten der Firma, die Angelegenheit auf ihre eigene Art und Weise zu regeln.

In Indien ist man bezüglich vieler staatlicher Stellen desillusioniert, obwohl es zahlreiche soziale Maßnahmen gibt, beispielsweise günstige öffentliche Verkehrsmittel oder subventionierte Lebensmittelverkäufe für Arme. Viele Aufgaben des Staates wie Müllabfuhr, Postzustellung oder Grundschulbildung werden jedoch nicht einwandfrei bewältigt. Daher haben die Bürger resigniert und sie mit Hilfe von Privatinitiativen gelöst. Dies ist sogar im Rechtssystem ersichtlich, das prinzipiell eher die Interessen der betuchten Bildungsschicht vertritt. Mit dem rechtlichen Instrumentarium einer PIL (»public interest litigation«) kann in Indien inzwischen im Sinne des Gemeinwohls das Klagerecht durch Dritte vertreten werden. Dadurch können Fälle von sozialer Ungerechtigkeit oder öffentlichem Interesse in Anklagen von Aktivisten oder Vereinen münden, auch wenn die Kläger nicht unmittelbar betroffen sind. Diese Art von PIL setzt sich bei einigen Themen wie etwa umweltschädigenden Baumaßnahmen, sexueller Belästigung von Frauen oder Fällen von Polizeibrutalität durch. Laut »Transparency International« liegt Indien etwa in der Mitte des weltweiten Korruptionsindexes.

■ Die »Beat-the-System«-Mentalität

> »Ob Gesellschaftsrecht oder Strafgesetz, wir Inder geben
> erst dann Ruhe, wenn wir die Schlupflöcher gefunden haben.«
> V. Raghunathan, Professor und Buchautor

Auf individueller Ebene führt das mangelnde Vertrauen in Politiker und
Polizei zu einer »Beat-the-System«-Mentalität. Gesetze, die nicht konsequent durchgesetzt werden, werden häufig nicht beachtet. Ein Beispiel dafür sind die Gesetze im Bereich Urheberrechtsschutz, besonders im Kon-
sumgüterbereich. Man hat wenige Gewissensbisse bei staatsschädigenden
Aktionen wie Steuerhinterziehung oder dem Umgehen einer Straßen-
maut. Bis vor wenigen Jahren gab es sogar eine private »Schwarzfahrerver-
sicherung« in Mumbai, bei der der Schwarzfahrer im Falle einer Geldstrafe
sein Geld ausbezahlt bekam. Ein personifiziertes Beispiel für diese Haltung
war die Verehrung der »Banditenkönigin« Phoolan Devi als Heldin der
Entrechteten. Nach ihrer Verhaftung und Freilassung gewann sie sogar
zweimal einen Sitz im indischen Parlament.

Es gibt jedoch auch das genaue Gegenteil im Netzwerk von persönlichen und Geschäftsbeziehungen, das von großem gegenseitigem Vertrauen geprägt ist. Ein Beispiel dafür ist das der Diamantenhändler Gu-
jarats. Innerhalb dieser Gruppe werden wertvolle Steine einfach per
Kurierdienst geliefert und finanzielle Transaktionen ohne schriftlichen
Nachweis geführt.

Vertrauen in Indien hat weniger mit schriftlichen Absicherungen zu
tun als mit der Enge der Beziehung oder mit dem persönlichen Instinkt.
Gute Geschäftsleute haben auf Anhieb ein fast untrügliches Gespür dafür, wem sie vertrauen können. So kann es passieren, dass ein Neukunde
Ware zur Ansicht mitnehmen kann, ohne dass explizite Vereinbarungen
über Kauf oder Rückgabe getroffen sind, nur weil der Ladeninhaber ihn
als vertrauenswürdig einschätzt. Allerdings werden naive oder leicht-
gläubige Geschäftspartner auch schnell ausgebeutet. Es ist daher ratsam,
sich Informationen über potenzielle Geschäftspartner über Referenzen
von Dritten zu holen.

■ Der mitreisende Partner

Viele Statistiken zeigen, dass die Zufriedenheit des mitreisenden Partners maßgebend für den Erfolg bzw. Misserfolg des Auslandeinsatzes ist. Dabei werden die Herausforderungen für den mitreisenden Partner bei einem Auslandsaufenthalt häufig unterschätzt. Auf einmal fallen viele unterstützende Strukturen wie Arbeitsplatz, Freundes- und Verwandtenkreis und sogar Freizeitaktivitäten weg. Der arbeitende Partner ist oft sehr mit den beruflichen Herausforderungen beschäftigt. Die Rollenverteilung und das Beziehungsgeflecht innerhalb der Familie verändern sich. Es ist daher für den mitreisenden Partner wichtig, innere und äußere Strategien zu entwickeln, mit dieser veränderten Lage umzugehen.

Erfahrene Firmen bieten vor der Vertragsunterzeichnung eine mehrtägige Erkundungsreise (»Look-and-see«-Reise genannt) für die Familie. Auch wenn die Entscheidung danach positiv ausfällt, bleibt eine Reihe von Fragen und Bedenken. Ein Vorbereitungstraining für die Familie vor der Ausreise bietet eine gute Grundlage für die Zeit im Ausland.

Eine der größten Sorgen der mitreisenden Partner ist die der Isolation im fremden Land. In Indien ist diese Sorge in der Regel unbegründet. Die Beziehungsorientierung der Inder führt dazu, dass man in Kontakt kommt, wenn man ihn sucht. Wenn man bei seinesgleichen bleiben möchte, gibt es in den größeren Städten eine Gemeinschaft von anderen westlichen Ausländern. Sie sind zum Teil organisiert, zum Beispiel in der »International Women's Association«, und es ist durchaus möglich, die Freizeit ausschließlich in diesen internationalen Kreisen zu verbringen.

Natürlich ist die Zeit im Ausland bereichernder, wenn man auch Kontakt mit den Einheimischen knüpft. In dem Fall ist eine Mitgliedschaft in einem der vielen »Clubs« wie dem Rotary Club, dem Lion's Club oder anderen Clubs zu empfehlen. Viele davon stammen noch von den Engländern aus der Kolonialzeit und haben eine Atmosphäre, die an vergangenen Zeiten des britischen »Rajs« erinnert. Clubs in Indien sind weniger mit deutschen Vereinen zu vergleichen, weil die Mitgliedschaft begehrt, relativ kostspielig und dementsprechend ein Statussymbol ist. Um das soziale Niveau zu erhalten, werden neue Mitglieder nur über Empfehlungen oder aufgrund einer Firmenzugehörigkeit aufgenommen. Für Geschäftsleute sind die Clubs für das Knüpfen von Kontakten von Nutzen.

Wer sich sozial engagieren will, findet in Indien eine große Palette an Möglichkeiten für karitative Arbeit. Auch die erwähnten Clubs der Wohlhabenden engagieren sich für diverse soziale Projekte oder sammeln Spenden durch Wohltätigkeitsveranstaltungen. Freiwillige, die direkte Hilfe im Krankenhaus oder Kinderheim leisten wollen, werden in der Regel über eine Empfehlung gern empfangen.

Weiterbildung kann einen weiteren Weg der Beschäftigung für den nicht arbeitenden Ehepartner darstellen. Das Erlernen von Yoga oder Meditationstechniken ist naheliegend, aber es besteht auch die Möglichkeit, sich an einer Universität einzuschreiben, wenn die Dauer des Aufenthalts es zulässt. Dafür sollen alle Zeugnisse rechtzeitig ins Englische übersetzt und beglaubigt werden. In größeren Städten kann man über Einrichtungen wie die »Alliance Francaise« seine Fremdsprachenkenntnisse verbessern. Natürlich gilt das auch für Englisch, wenn man einen indischen Akzent in Kauf nimmt. Wer sich für die indische Kultur interessiert, kann sich mit klassischer Musik, Tanz, Küche oder indischen Sprachen beschäftigen. Hobbygärtner macht die Andersartigkeit der Pflanzenwelt neugierig.

Im Freien haben Sportbegeisterte es in Indien etwas schwieriger, weil die klimatischen Bedingungen es nicht zulassen, viele Monate im Jahr zu joggen oder Rad zu fahren. Dafür gibt es die Möglichkeit, Tennis, Badminton oder Squash in der Halle zu spielen. Auch wenn Inder Sport treiben, nehmen sie es nicht sehr ernst. Es gibt in dem Zusammenhang einen alten Witz, in dem der indische Maharadscha beim Anblick eines schwitzenden englischen Tennisspielers fragt: »Wenn er wirklich der Kolonialherr ist, wieso hat er keine Diener, die für ihn Tennis spielen?« Erst in den letzten Jahren sieht man Menschen in der Stadt, die aus gesundheitlichen Gründen »powerwalken« oder joggen.

▩ Kinder

Kinder nehmen eine sehr zentrale Rolle im Familiengebilde in Indien ein und sind, besonders wenn sie kleiner sind, sehr willkommen. Kinderlose Paare dagegen werden eher bemitleidet und gewünschte Kinderlosigkeit ist für Inder nur schwer nachvollziehbar. Für Ausländer empfiehlt es sich, eine Entscheidung gegen Kinder nicht offen anzusprechen. Jüngere Kinder werden überall beachtet und verwöhnt, ausländische Kinder auch wegen ihres ungewöhnlichen Erscheinungsbildes. Kinder werden auch von Fremden gern angefasst. Ein Expatpaar berichtete, dass der erste englische Satz ihres – offenbar leidgeprüften – dreijährigen Sohnes »Don't touch!« gewesen sei.

Kindern bis zum Alter von etwa fünf Jahren werden viele Freiheiten zugestanden. Sie werden auf Händen getragen und bis zum dritten Lebensjahr gefüttert – oder noch länger, wenn sie »schlechte Esser« sind. Erst danach tritt Strenge in die Erziehung ein. Diese zieht sich durch die Pubertät hindurch, weil man der Ansicht ist, dass gerade Heranwachsende viel Anleitung und Zuwendung brauchen, um Jugendsünden zu vermeiden. Zukunftsentscheidungen, zum Beispiel die Berufswahl, werden von den Eltern getroffen. Die Wünsche der Kinder werden zwar berücksichtigt, aber eine offene Rebellion wird nicht geduldet. Der Fokus der Erziehung und der elterlichen Fürsorgepflicht liegt eher darauf, die Persönlichkeit zu »formen«, als Selbstständigkeit zu fördern. Kinder schlafen bis zum zehnten Lebensjahr oder noch länger bei den Eltern im Zimmer, auch wenn ein Kinderzimmer vorhanden ist. Die Mutter-Sohn-Bindung ist in Indien besonders ausgeprägt.

Es führt oft dazu, dass junge Inder – im Gegensatz zu jungen Inderinnen – anfangs sehr hilflos sind, wenn sie das Elternhaus verlassen. Viele Inder in Deutschland empfinden den Umgang deutscher Eltern mit ihren Kindern als sachlich-distanziert. Sie finden, dass den Jugendlichen viele Freiheiten gegeben werden, und dass trotz der Verwendung von Höflichkeitsformeln wie »danke« weniger Wert auf Respekt und gute Manieren den Eltern gegenüber gelegt wird.

Wenn man in Indien ein Kindermädchen (»Ayah«) einstellt, wird es sich nicht für die Erziehung des Kindes verantwortlich fühlen. Seine Aufgabe ist die Fürsorge auf physischer Ebene. Daher ist es erforderlich, dass die Eltern genaue Anweisungen geben, beispielsweise über die erlaubte Schokoladenmenge oder Fernsehdauer. Die Rolle einer Ayah erlaubt keine eigenmächtigen Verbote dem Kind des Hauses gegenüber.

▓ Vorsicht Kulturschock

Ein Kulturschock ist nicht nur ein kurzfristiger Gefühlszustand, der bei der Ankunft in Indien auftritt. Er ist vielmehr ein Prozess, der sich über Monate oder gar Jahre hinziehen kann. Der Kulturschock wird in unterschiedlichen Modellen oft in Phasen dargestellt. Das bekannte U-Modell ist in vier Phasen unterteilt: die »Honeymoon-Phase« der Euphorie, die Krisenphase, die Erholungsphase und schließlich die Akkulturationsphase oder die Anpassung an die lokale Kultur. Im eigentlichen Leben verläuft der Kulturschock weit weniger strukturiert und vorhersebar. Erfahrungsgemäß gibt es je nach Erlebnissen und Persönlichkeitsstruktur des Expats einige Auf-und-ab-Phasen zwischen An- und Abreise. Gefühle der Verwirrung können sporadisch über den gesamten Zeitraum aufkommen.

Die Akkulturation und damit der Erfolg des Indienaufenthalts hängen unter dem Strich von vielen unterschiedlichen Faktoren ab. Eine gründliche Vorbereitung ist der erste Schritt. Sie beinhaltet neben

Abbildung 14: Kinder auf dem Rücksitz einer landestypischen Rikscha, Jaipur, November 2008 (© Nina Papiorek)

Grundwissen über Indien vor allem das Nachdenken über die eigene Kultur im Spiegel der fremden Kultur. Die gewonnenen Einsichten ermöglichen eine erhöhte Reflexionsfähigkeit, die dem Expat hilft, nicht nur in Schwarz-Weiß-Kategorien zu denken. Während des Aufenthalts ist es wichtig, fortlaufend Strategien zum Umgang mit Stress und Andersartigkeit zu entwickeln. Expats, die keine Möglichkeit haben, sich mit Freunden oder Familie über den Alltag in der Fremde auszutauschen, haben es schwerer.

Oft scheitern besonders motivierte Expats an den Ansprüchen an sich selbst. Sie wollen mit missionarischem Eifer beispielsweise erreichen, dass die Mitarbeiter in Indien genauso arbeiten wie die in Deutschland. Andere erstarren, weil sie sich ständig die Folgen eventueller interkultureller »Fehlverhalten« vor Augen führen. Das »Bhagavad Gita« aus dem indischen Epos »Mahabharata« sagt dazu:

> »Du hast ein Recht auf das Handeln, niemals auf die Früchte des Tuns. Lass nicht die Früchte deines Wirkens dein Beweggrund sein, noch lass Anhaftung zur Tatenlosigkeit in dir zu.«
> (Kapitel II, Vers 47)

■ Literatur und Literaturempfehlungen

Bijapurkar, R. (2007). *We are like that only. Understanding the logic of consumer India.* New Delhi: Penguin Books India.

Ein Werk, das die Marktverhältnisse und das Konsumverhalten Indiens aus der kulturellen und wirtschaftlichen Perspektive beleuchtet.

Luce, E. (2006). *In Spite of the Gods.* London: Little, Brown Book Group.

Das Werk bietet einen spannend geschriebenen Überblick über die aktuelle politische und sozioökonomische Lage Indiens, der gleichzeitig wohlwollend und kritisch ist.

Mehl-Lammens, P. (2006). *Geschäftserfolg in Indien. Der Business-Guide für den indischen Subkontinent.* Zürich: Orell Füssli.

Praktische Hinweise für die Bewältigung des Alltags in Indien. Leicht zu lesen mit viel Information.

Mitterer, K., Mimler, R., Thomas, A. (2009). *Beruflich in Indien.* Göttingen: Vandenhoeck & Ruprecht.

Dieses Trainingsprogramm macht anhand von authentischen Begegnungssituationen mit den indischen Kulturstandards vertraut.

Rothermund, D. (1995) *Indien. Kultur, Geschichte, Politik, Wirtschaft, Umwelt.* München: C. H. Beck.

Das Buch bietet einen hervorragenden Überblick über die Geschichte Indiens und ihre Hintergründe. Eine sehr gute Annäherung an die Komplexität Indiens und ein umfassendes Nachschlagewerk.

Roy, A. (1997). *Der Gott der kleinen Dinge.* München: Karl Blessing Verlag.

Ein Roman über die Spannungen innerhalb einer Familie in Südindien, in dem auch Kastenhintergründe eine Rolle spielen.

Thomas, A., Kinast, E.-U., Schroll-Machl, S. (2003). *Handbuch Interkulturelle Kommunikation. Band 1: Grundlagen und Praxisfelder.* Göttingen: Vandenhoeck & Ruprecht.

Eine wissenschaftliche allgemeine Einführung in die Themen Kultur, interkulturelles Lernen und interkulturelles Training zum Aufbau von wichtigen Handlungskompetenzen.

Trojanow, I. (2009). Gebrauchsanweisung für Indien. München: Piper.
   Der Schriftsteller hat selbst mehrere Jahre in Indien verbracht und vermittelt auf
   gut zu lesende Weise tiefe Eindrücke über das vielschichtige Land.
Varma, P. K. (2005). Being Indian. Inside the real India. New Delhi: Penguin Books
   India.
   Der Autor entwirft ein Porträt Indiens, indem er die indische Psyche und Kultur
   anhand einer Vielzahl von Quellen analysiert, von alten Sanskrit-Schriften bis
   hin zu aktuellen Zeitungsberichten.
Zotz, V. (2006). Die neue Wirtschaftsmacht am Ganges: Strategien für langfristigen
   Erfolg in Indien. München: Redline Wirtschaft.
   Der Autor erläutert den wirtschaftlichen Aufstieg Indiens. Er gibt nützliche Tipps
   für den Einstieg in kontinuierliche Geschäftsbeziehungen mit dem asiatischen
   Giganten.

■ Nützliche Websites

www.auswaertiges-amt.de
www.bpb.de (Bundeszentrale für politische Bildung)
www.commerce.nic.in (Department of Commerce, Indien)
www.business-today.com (Wirtschaftszeitschrift)
www.dqindia.com (Industrieanalyse)
www.indianexpress.com (Tageszeitung)
www.thehindu.com (Tageszeitung)
www.naukri.com (Stellenangebote)
www.shaadi.com (Heiratsanzeigen)
www.travelguru.com (Reisen)
www.hinduism.about.com (Hinduismus)

Abenteuer indischer Subkontinent

Katrin Mitterer / Rosemarie Mimler /
Alexander Thomas
Beruflich in Indien
Trainingsprogramm für Manager, Fach-
und Führungskräfte

Handlungskompetenz im Ausland.
2009. 162 Seiten mit 9 Cartoons
von Jörg Plannerer, kartoniert
ISBN 978-3-525-49068-6

Indien – Land der Vielfalt. Wohl kaum eine andere Kultur vereint so viele
Gegensätze. Der Reichtum an unterschiedlichen Sprachen, Religionen und
Traditionen ist charakteristisch für dieses einzigartige Land. Diese kulturelle Diversität ist es jedoch auch, die den Besucher vor große Herausforderungen stellt. Um diesen Herausforderungen gut vorbereitet begegnen zu
können, wurde dieses Trainingsprogramm entwickelt.
Anhand von authentischen Begegnungssituationen in Indien, berichtet von
deutschen Fach- und Führungskräften, werden kulturelle Besonderheiten
aufgezeigt und erläutert. Das Trainingsprogramm hilft dem Leser, indische
Werte, Normen, Sitten und Gebräuche besser zu verstehen, angemessen handeln und erfolgreich mit indischen Partnern zusammenarbeiten zu können.

»Thomas und seine Co-Autoren haben in ihrer Reihe eine Sammlung von
praktisch verwertbarem interkulturellen Wissen geschaffen, die im deutschsprachigen Raum einzigartig ist.« *Ute Hartthaler, Wirtschaftspsychologie aktuell*

Vandenhoeck & Ruprecht

Typisch Deutsch – Für Deutsche und alle, die mit ihnen zu tun haben

V&R

Sylvia Schroll-Machl
Die Deutschen – Wir Deutsche
Fremdwahrnehmung und Selbstsicht
im Berufsleben

4. Auflage 2010. 227 Seiten mit 9 Abb.
und einer Tabelle, kartoniert
ISBN 978-3-525-46164-8

Die Globalisierung ist inzwischen allgegenwärtig. Diese Tatsache stellt viele Menschen vor neue Situationen: Kulturunterschiede sind nicht mehr nur etwas, was Touristen fasziniert und Wissenschaftler anregt, sondern sie sind weitgehend Alltag geworden, insbesondere auch in beruflichen Zusammenhängen.

Das Buch wendet sich an beide Seiten dieser geschäftlichen Partnerschaft: zum einen an jene, die mit Deutschen von ihrem Heimatland aus zu tun haben, oder als Expatriate, der für einige Zeit in Deutschland lebt, zum anderen an die Deutschen, die mit Partnern aus aller Welt im Geschäftskontakt stehen, sei es per Geschäftsbesuch oder via Kommunikationsmedien. Für die erste Gruppe ist es wichtig, Informationen über Deutsche zu erhalten, um sich auf uns einstellen zu können. Für Deutsche selbst ist es hilfreich zu erfahren, wie unsere nicht-deutschen Partner uns erleben, um uns selbst im Spiegel der anderen zu sehen.

Sylvia Schroll-Machl berichtet auf dem Hintergrund langjähriger Praxis als interkulturelle Trainerin und Wissenschaftlerin über viele typische Erfahrungen mit uns Deutschen und typische Eindrücke von uns.

Es geht ihr aber auch darum, diese Erlebnisse und Erfahrungen aus deutscher Sicht zu beleuchten, damit die nicht-deutschen Partner entdecken, wie wir eigentlich das meinen, was wir sagen und tun. Zudem beschäftigt sich die Autorin auch mit den kulturhistorischen Hintergründen, die uns Deutsche prägen.

Auch in englischer Sprache:
Sylvia Schroll-Machl
Doing Business with Germans
Their Perception, Our Perception

3rd edition 2008. 221 Seiten mit 10 Abb.
und 1 Tab., kartoniert
ISBN 978-3-525-46167-9

Sylvia Schroll-Machl writes about German cultural standards. Although her work is empirically ascertained and presented in a systematic way, she is able to maintain a certain self-critical levity. Her target groups are Germans and foreigners, who vocationally have something to do with Germans. Her goal is to promote mutual understanding and to offer assistance for intercultural interactions.

Vandenhoeck & Ruprecht